知乎
有问题 就会有答案

2020年11月5日，胡润百富发布30岁以下创业领袖榜单"2020胡润Under30s创业领袖"。这是胡润百富连续第四年发布该榜单。图为胡润为吕白颁奖

> 知道自己喜欢什么，才有长期持续从事某项事业的可能。
> 没有人会在一件不热爱的事情上花费大量的时间精力。

世界给你回报不是看你有没有努力，而是看你有没有遇到好的机遇，有没有正确的努力方向。

2020年11月27日，吕白参加第九届社会化营销论坛暨金蜜蜂奖颁奖盛典，现场分享内容创作与营销的心得体会

FASTER THAN NORMAL

吕白为线上课程拍摄视频

复盘你自己的成功案例,从结果中找出共性,从共性中梳理出做事的方法,才能形成你个人的标准操作系统。

2021年阿里巴巴国际站·中西部大区年中盛典，吕白作为嘉宾在现场做分享

舍弃生活中乱七八糟的浮躁表象，探究本质，就能更快获得我们想要的结果。

2019年12月28日,参加由"北辰青年"举办的"有趣人类说"第五期线下活动,分享如何用自己的方式"裸闯"世界

小镇青年。　　空少。　　新媒体

聪明不是说你智商有多高,而是你知道怎么用最小的成本去解决问题。

FASTER THAN NORMAL

积累 + 汲取 = 优秀。
先有了积累，再有了汲取，
你才能把一件事变成你的核心优势。

作为"36氪北京站"特邀分享导师，吕白在现场跟观众分享爆款文章的写作方法

FASTER THAN NORMAL

《从零开始做内容》上市后,作者开始开办线下写作课,图为吕白与学员合影

痛苦的经历是对我们意志力的磨炼,
我们需要在磨砺中不断补足能力,
刻意培养自己的操作系统。

吕白在成都文轩书店签售新书，与现场读者分享创作心得

Faster Than Normal

10倍速成长

吕白 著

如何高效 超越同龄人

北京日报出版社

目录
CONTENTS
10·倍·速·成·长

推荐序　给平凡年轻人的人生范本 / 1

序　影响我人生的最简单朴素的真理 / 7

第一章　选准赛道，提高效率 / 001

　　　　选择赛道：新兴三年内的行业 / 004

　　　　公司选择：头部的公司和团队 / 012

　　　　基础效率：提升单位时间效率 / 016

　　　　十倍速效率：比同行快十倍 / 026

　　　　一份时间卖多次：飞轮效应 / 033

第二章　聚焦重点，放大优势 / 045

　　　　二八定律：向上生长的关键秘诀 / 048

　　　　丰田五问：深度思维，直击本质 / 054

聚焦目标：高效能人士的共同特性 / 060

放大优势：寻找定位聚焦于长板 / 071

量变积累：坚持对抗人性的弱点 / 077

提炼精华：精进为一个厉害的人 / 084

第三章　减少信息，搭建体系 / 089

断舍离法：减少不必要的信息输入 / 092

认知体系：用"费曼学习法"输入输出 / 099

操作系统：即刻行动才能终身成长 / 107

定期复盘：将经验转化为底层思维 / 115

方法模型：从优秀到卓越的必经之路 / 132

第四章　社交价值，平等交换 / 139

重点链接：社交也要极简主义 / 142

有效社交：你不必跟大佬做朋友 / 150

提升价值：社交中具备核心价值 / 155

主动链接：合作、付费是最好的方式 / 163

掌握分寸：被你忽略的重要细节 / 169

第五章　职场品牌，提升信誉 / 177

个人品牌：职场非标品才更值钱 / 180

"复业"收入：要做"复业"而不是副业 / 187

事事回应：承诺必达的靠谱交付 / 192

做好A+B：永远给老板超预期服务 / 198

认知管理：成为卓有成效的管理者 / 205

第六章　利用杠杆，知行合一 / 211

杠杆原理：致富的最佳核心密码 / 214

认知变现：你赚不到认知外的钱 / 218

理财技巧：相信专业的理财经理 / 224

知行合一：人类并不是理性动物 / 229

后　记 / 240

推荐序

PREFACE

10倍速成长

给平凡年轻人的人生范本

我跟吕白是在一次演讲时认识的。那天,他老远看到我说:"你好,你就是李尚龙吧?"我吓了一跳,因为我在江湖上确实也有几个仇人。我下意识地往后退了一步。他顺势把手放进衣服里,助理在一旁看着我。

我说:"正是在下,你想怎么样?"他从衣服里掏出一本书,说:"你好,尚龙老师,这是我新写的一本书,叫《人人都能学会的刷屏文案写作技巧》,请您指教。"我又被吓了一跳。

第二天出差的路上,我读完了这本书。隔天,我给吕白发了一条信息,说:"弟弟,写得非常好。不过,你把自媒体所有的秘密都写进书里,不怕被人暗杀吗?"

他回复我:"龙哥,希望您有空的时候可以来帮我站个台。"我说:"为什么?"他说:"因为您来站台,如果我被暗杀,大家一起死。"

当然,我是开玩笑的。

跟写作者交流,为优秀的作者站台,一直是我想做的事情,也一直是我在做的事情。

"95后"作家的希望

吕白曾在某微信公号做编辑,我看过他写的爆款文章,每次看到他的文字,我都会想起他的书:的确是人人都能学会写作啊。更可怕的是,他的写作"套路感"很强,但这是每一个新作者都应该学会的东西,套路和真诚相辅相成,最后合二为一,浑然天成。

前些日子,我和古典老师喝酒。古典是我的老师,在我刚开始写作时,他给了我很大的帮助,每年我都会和他见几次面,每一次我都有极大的收获。这一次,我带着吕白一起参加了饭局。

当然,还是我请客。喝到高兴处,吕白问我:"龙哥,有件事我一直不理解,你为什么要帮我站台?"我说:"这是一个好问题,你可以问问古典,在 2015 年——我什么也不是的时候,他为什么要给我作序?"

吕白看着古典。古典笑了笑说:"Pay it forward。"吕白瞬间眼睛红了，问："什么意思？"

古典说："投资未来。因为我当时一眼就看出尚龙是个可造之才，他以后一定是'90后'作家的希望。"

吕白真的有点感动了，他说："龙哥，那你为什么帮我呢？"我看了一眼吕白，说："我也是这么认为的，你代表着'95后'作家的希望。"

那天，我和古典你一言我一语都在夸吕白，其实就是希望他买单。很快吕白热泪盈眶，喝多了。所以，那天依旧是我买的单。

写作的力量

我是一个作家，但大家可能不知道，我还有一个身份是英语老师。2015年，我和其他几个同事从新东方辞职，开始创业，我们给自己的公司起名为"考虫"。现在它可能是中国最大的四六级考研在线机构。

那时我年轻气盛，却不知未来何去何从。创业的未来不明朗，谁也不知以后会发生什么，于是，在每个迷茫的深夜，我总是提起笔，在日记本上写点东西。

其实，现在我早已不记得自己在日记本上写过什么了。但只记得有一天，我在日记本上写着写着发现了一个问题：我写给自己看，有什么意义呢？

于是，我把那天的心得写在了电脑上。在将心得发布的瞬间，我忽然觉得不妥，因为写了太多关于自己的秘密，把它直接发布在网络上，被人发现的话，该多不好意思。被陌生人知道也就算了，万一被熟人知道岂不是十分尴尬？发了自己的秘密也就算了，如果把别人的秘密发出去，会不会收到律师函？

坐在电脑旁，我突然想到了一个办法。我把文中涉及的名字都用字母代替，把所有的地点都进行了更换（这个方法现在已经被很多人使用了），这样做的好处是既保证了情节的真实性，又不会影响到朋友的感情。这篇文章就是《你只是看起来很努力》。

文章发出的第二天，就被各个营销号转载。我觉得有趣，便继续写作。

在第二篇文章中，我写了一个关于自己的故事，叫《你所谓的稳定，不过是在浪费生命》。不知为什么，这篇文章发表之后，我感觉全世界都在骂我。甚至觉得下楼买菜时，楼下卖菜阿姨看我的眼神都是异样的。其实现在回想起来，实际上也没多少人骂我，只是对刚开始写作的人来说，往往更容易关注批评的声音，放大负面评价。

2015年，我写完一篇文章就在网络上发布一篇，把写文章当成一种习惯，更把发布文章当成一种习惯。身边很多朋友问我:"你写这样的文字有什么用?能赚钱吗?"

我说:"不能,但我想得很通透,如果明天我要跟这个世界说再见,我不能憋着很多话不说。至少得说出来之后,再跟世界说再见。"

果然,我写再多也没有得到一分钱。

直到有一天,一个编辑在后台给我发私信,说:"尚龙,你想不想出一本书?"我说:"我才20多岁,不想写回忆录。"他说:"但是你的文笔很好,我觉得你十分适合写作。"我说:"我现在刚开始创业,焦头烂额的,不想写书,更何况我是有规划的,在什么时间就做什么事。"他回复说:"我们可以给您结算四万块钱的稿费。"我说:"那也行。"

于是,我的第一本书出版了,叫"你只是看起来很努力"。这本书给我带来了两大收获:一是稿费;二是我开始明白,写作的价值并不是对外炫耀,更重要的是它能让我安放以前无处安放的灵魂。

直到今天,我都能想起那段日子里写作带给我的收获,它更多是精神上的。其实,如果没有文学,没有写作,也就不会有今天的我。我想,对吕白来说也是同样的。

如果要简单介绍一下本书的话,那就是:它提供了一个范本,并且把自己的困惑和解决方案真实地、不加修饰地呈现其中。或许本书的文笔不够优美,思考也不够深刻,但足够坦诚,足够真诚，足够真实，能为一些出身平凡的年轻人带来真实的力量。

作家、"飞驰成长"创始人 / 李尚龙

序

P R E F A C E

1 0 倍 速 成 长

影响我人生的最简单朴素的真理

曾听到有人说：好羡慕你这么年轻有为，希望有天也可以像你一样优秀。

听到这句话的时候，我的第一反应是惊讶，从来没想过自己有一天也可以活成别人想象中的样子。

我出生在山东一个农村家庭，父亲是货车司机，母亲在家务农。高考因为文化课成绩不行，学习艺术勉强进入大学。后来北上，作为千万北漂大军中的一员，睡过一个月750的青旅，还是上铺，因为比下铺要便宜50块钱。每天为了抢洗手间，需要比别人提前一个小时起床，抢了10次终于抢到洗手间，边刷牙边看着镜子中的自己，像是憋着一股劲——我想要成功！

凭借自己的野心和对成功的渴望，横冲直撞。当然那时候的我因为没找到方法，经常被撞得头破血流。

后来侥幸找到方法，进入腾讯，之后又成为知乎最年轻的总监，进入"准独角兽"企业做CCO（首席内容官），入选福布斯U30、胡润U30，出了自己的第六本书，得到了当当"年度影响力作家"的荣誉。在清华大学，以及腾讯、阿里、头条、百度等知名互联网公司分享经验和方法，人生一路"开挂"。

后来推杯换盏跟老友复盘过去，他们夸我拼命和努力的时候，我总是笑着说，努力其实占比很小，可能只有10%，更多的是因为运气比较好发现了一些原则和方法。他们也以为是我谦虚。

但其实并不是，我是真实地发现，盲目的努力其实对你的成长和进步影响不大。只有坚持原则的努力才能发挥10倍或100倍的作用，这些原则可能不是大家之前熟知的鸡汤里经常提到的努力、时间管理、自律抑或是完美主义，而是一些你可能会感觉非常简单朴素甚至不敢相信的道理。

我把那些我成长路上确确实实影响到我自己的原则，这些简单朴素的真理，总结成九个思维。

一、选择思维

选择赛道的时候，一定要选择三年内新兴且你喜欢的行业。我是在2015年投身于内容行业做新媒体的，写出过很多千万级阅读量的公众号爆款文章，就是因为入局早。在很多人不太了解这个领域时，就已经领先了别人一步；当别人入局的时候，我已经有了一定的积累。

这就是选择一个新兴领域的好处，你能比别人更早触碰到这个领域的红利。

2018年的时候，我意识到公众号开始触到天花板，已经在缓慢衰退。这时候抖音出现，短视频风口蠢蠢欲动。所以我在2018年早早入局短视频行业，加入腾讯专注做短视频，操盘亿级播放量的视频、琢磨出一套方法之后，出版了《人人都能做出爆款短视频》。

第一波做新媒体的不是传统媒体的佼佼者，第一波做区块链的也不是金融行业的大牛。因为在一个新兴领域中，没有固定的套路，也没有常规的专家，还没有大量的竞争对手，自己不断学习积累就能够小有成就。

而等这个行业发展起来的时候，进来的人再厉害，也很难比得上你的积累。所以你可以布局整条赛道，甚至可以决定这条赛道的方向。

我在这本书里深度解析了选择一条好赛道的方法。

二、时间思维

我是一个很懒的人,也是个很不自律的人,经常会在打开电脑准备工作的时候忍不住想去干别的事。很多事情别人可能一天就干完了,我可能需要两天。

我感觉我做得比较好的一点是,我没有去追求表面的时间利用率,我提高的是未来时间的产出。

例如,如果工作效率不高,那么绝大部分人想到的是要提高单位时间内的产出。但我提高产出的方法是什么呢?

我要提高"未来时间的产出"。

很多人都知道赚钱分三种:

(1)把一份时间卖出去一次,比如挣工资、单次咨询的报酬。

(2)把一份时间卖出去很多次,比如出书、做课程、写作。

(3)买卖其他人的时间,比如当老板。

我的策略就是:我把我在生活、工作中攻克难关时沉淀的方法以单次付费咨询的方式卖出去,将付费咨询中沉淀的案例和解决方案变成线下课程,将线下课程中积累的案例再变成文章的素材,将文章变成书籍和线上的知识付费课程,个人品牌提升后再反哺其中的任意环节。

我的每一份时间都最少被卖了五次,我的一年相当于别人的五年。

相信看完这本书你也能深刻地领会这个方法并且进行应用。

三、重点思维

巴菲特聘用了一个飞行员叫麦克,他曾经帮美国的四个总统都开过飞机。有一天他问巴菲特,要怎样才能成为像你一样优秀的人?

巴菲特让他拿出一支笔和一张纸,在上面写下人生中必须要完成的25个目标,写完后又让麦克从中挑选出5个最重要的目标。巴菲特这时候问他,你现在知道怎么做了吗?麦克说,你想让我聚焦这5个目标,剩下20个等之后有空再去完成。

巴菲特摇摇头说并不是,我是让你只完成这5个目标,剩下20个,你要像躲避瘟疫一样躲避它们。

你要记住一句话,人的精力是有限的,只做重要的事情。

我每年都会列一个重点清单,比如每年只定1个目标、每年只跟10个人重点联系。

二八定律告诉我们,要用80%的时间去干20%的事情。

看完这本书,你将学会怎样找到重点。

四、本质思维

曾有家长问过我,小孩子怎么写好作文?我当时反问道,是想写好还是想拿高分?

因为大部分人会认为"拿高分"和"写好"是同义词,但其实根本不是一回事。写好作文需要三五年的积累,需要阅读大量的文献;而拿高分太简单了,把往年高考的高分作文看上20篇,一个月就能有效果。

我相信,用一秒钟看到本质的人和用一辈子看到本质的人是截然不同的。在遇到问题的时候,我们最先想到的往往是如何去解决问题,却忽略了要先去探究问题的底层逻辑到底是什么——其实就是透过现象看本质。

很多人对解决问题的定义是错的。别人做了十个方案,只有一个是可行的,但我如果知道问题的核心是什么,那么可能做两个方案就解决了。

训练自己透过现象看本质的思维:

1.什么是现象?

现象就是事物或问题展现出来,让我们看到、感受到的样子。比如家长问,小孩子怎么写好作文,现象是家长想提升孩子的作文水平。

2.什么是本质？

本质是把所有现象的衣服脱去，事物或问题本来的样子。小孩子提升作文水平是为了什么？很多人是为了作文能拿高分。

3.什么是透过现象看本质？

跳过现象，剥离现象的外衣，直接从本质上做工，从根本上上解决问题。

90%的人都不知道自己遇到的问题是什么，有了看清本质的思维，相当于你就超越了90%的人。

五、断舍离思维

人最难做的就是断舍离。

我以前在生活中会被各种物品、信息、关系、情感所裹挟：衣柜服装太多太杂，每天早晨总是在穿搭上浪费大量时间；每天起来刷很多信息，被动输入，导致大脑忽略重要的事情；微信好友太多，朋友圈充斥着质量不等的信息，微信消息在不断消耗我的情绪……

后来，我开始做断舍离，把衣服做好固定搭配，开始删不熟的、质量不高的微信好友，卸载一些APP，在社交媒体平台将被动输入变为主动搜索，远离让我不开心的人和事。我发现，我的精力和情绪都有了很好的改善。

Less is more,少就是多。

六、复盘思维

我很少犯同样的错误，因为我总是会及时复盘。

我总是会对过去的思维和行为进行回顾，反复探究，找出规律，从而训练自己解决问题的思维。因为在每次复盘的时候，我总是会站在第三人称的角度来问自己：还有没有更好的解决办法？

例如刚做视频号的时候，因为深知爆款是可以复制的，我将抖音的爆款视频案例分析完之后，就开始带领团队执行起来。脚本、拍摄、剪辑都没有任何问题，最后这个视频的数据却很惨淡，而其他视频号模仿的视频却火了，所以我跟着团队在会议室复盘，最后发现是因为抖音的内容屏幕比是16∶9，而视频号的内容屏幕比例是6∶7。

后来将比例调整过来之后又发一遍，果然数据一下就好了。经过复盘发现，因为内容屏幕比不对，给观众带来的视觉体验不好，所以数据不好。

我复盘一般分为六步：

1.回顾目标：确认自己是不是在达到目标的过程中跑偏了。

2.叙述过程：将执行过程全部复述一遍，说出来或者写出来就够了。

3.评估结果：反问自己，这个结果有没有达到预期，有没有更好的处理方式？

4.分析原因：为什么当时没有做好，或者为什么当时可以超预期？这里可以借鉴丰田公司的五大问，就是当问题出现时，连续问五个why，可以帮助我们发现事物的本质，找到解决办法。

5.推演规律：根据实际情况，将事情分为三个类别：可控，半可控，不可控。看结果没达到预期到底是自己的原因，还是外在因素所致。

6.形成文档：将认识和结论固化下来，就会形成方法论。只有写才是真的在思考，并且方便第二次的复盘和总结对比。

希望你通过这本书掌握复盘思维之后，可以降低犯错率，提升自己的认知。

七、方法思维

我经常会问团队一个问题：$3 \times 5 + 8 = ?$

相信大家都知道结果是23，因为依据数学规则的解题方法就是，先算乘法再算加法。

很多人都把一件事想得太难了，所有事情其实跟数学一样，都是有方法和步骤的。

我在做内容的时候，研究了100篇全网最火的爆款文章后，发现爆款文章都在反复阐述9个不同的爆点，无外乎"3大感情+4种情绪+2大群体"。

"3大感情"是亲情、友情、爱情；"4种情绪"分别是怀念、愧疚、暖心、愤怒；"2大群体"是地域和年龄。

爆款文章无论是从标题还是内容来看，都具备类似的底层逻辑，核心就在这里，先找到一个底层算法，不断去重复，重复到无效为止。

做内容跟做数学题一样，数学题有答案，爆款内容同样是可以复制的。想成为谁，就先从模仿谁开始。失败不是成功之母，只有成功才是成功之母。

想要摸清一件事的方法和答案可以从两点入手：

1.找到足够多的成功案例，从这些案例中分析它们的共同点，大多数都具备相同的底层逻辑。

2.不断地模仿这些成功案例，从成功中寻找下一次成功。

希望这本书的内容，可以成为一把钥匙，帮你找到方法打开成功的大门。

八、杠杆思维

成功与失败的最大差异，就在于懂不懂杠杆思维。

肯德基的主打产品是汉堡,但是汉堡却不赚钱,20年来一直都只卖15元,但肯德基铺天盖地的广告全是汉堡。为什么不赚钱,却还要给汉堡打广告?因为它用汉堡撬动了其他产品的利润。

肯德基的薯条小份8元,中份9.5元,大份11元,还推出过一款薯条叫作终极四酱超级薯条盒,价格27元。一份薯条卖27元利润非常高了。饮料也非常赚钱,比如乌龙茶13.5元,咖啡17元;最厉害的是可乐,小杯6元,中杯8.5元,大杯10元,10块钱一杯的可乐,利润可能在9元。

杠杆思维就是用小的成本去撬动大的资源,从而做到收益最大化。

"撬动杠杆"的诀窍在于,找到推动事情发展的决定性因素。

考上清华北大,因为有清华北大的名气加持,就会有更好的工作机会;出版一本书,如果内容优质卖得好,就会有名气,从而获得更多人脉和资源。包括买房贷款,这些都能让你用很低的额度撬动更大的资源。

相信你拥有杠杆思维之后,一定会离成功越来越近。

九、知行合一思维

道理人人都懂，但只有很少人能做到知行合一。

人们总以为成功是需要找到多么深奥、多么晦涩难懂的原则，然后再去做，殊不知能让你成功的原则其实很简单，只要你能做到知和行相一致。

就像巴菲特，人人都知道巴菲特的投资理念，都听过"别人恐惧我疯狂，别人疯狂我恐惧"，甚至也曾在短时间内收益超过巴菲特，但没有人成为巴菲特，也没有人超越巴菲特，因为他们无法像巴菲特一样几十年如一日恪守原则。

就像王阳明先生所说："知之真切笃实处即是行，行之明觉精察处即是知。知行工夫本不可离。只为后世学者分作两截用功，失却知行本体，故有合一并进之说。"

我在奋斗的路上，没有家庭背景加持，没有好的资源和学历赋能，偶尔懒惰也谈不上自律。因为运气和时机侥幸发现了这些方法，或者是"原则"，现在我想把它们分享给你。

巴菲特的合伙人查理·芒格说："商界中有一个非常古老的准则，分成两步。第一步，找到一个最基本的简单道理；第二步，严格地按照这个道理去行事。"

你我的成长又何尝不是？

10·倍·速·成·长

第一章
选准赛道,提高效率
CHAPTER 1

选择赛道

❶ 选择新兴三年以内的赛道：新兴行业一般会经历"1年启动-3年初具规模-5年爆发-7年巅峰-10年没落"阶段。进入新兴三年以内的赛道，这里厉害的人少，可以有更多的机会。因此，你可以跟随投资机构判断市场的钱在哪里，可以关注虎嗅、36氪、IT桔子、晚点 LatePost 公众号等市场动态信息。

❷ 在新兴赛道里，选择你喜欢且擅长的赛道。思考你在什么地方花的时间和金钱最多？这件事能否给你带来正反馈？选择喜欢的新兴赛道才能坚持，并放大致富的可能性。

❸ 在大城市打拼一次。无论你将来选择在大城市还是小城市定居，都一定要来一次大城市，提升格局和视野。

公司选择

❶ 第一层级：在你的能力范围内选择一家超级公司。成熟的企业体系和广阔的平台可以培养你的思维与格局。

❷ 第二层级：选择正在风口的新兴行业的头部公司。你在这样的公司里更容易获得较大的成就，也会因此得到公司甚至行业的认可。

❸ 第三层级：选择头部公司高管的创业公司。跟随行业前辈提高专业能力并获取更多资源，让自己拥有更高的价值。

❹ 第四层级：选择风口上的中腰部公司。磨炼你的技能，再把它当作跳板去头部公司。

基础效率

① 做时间记录笔记,统计你花在什么地方的时间和精力最多。创建你的时间记录表格,记录下一天所花的时间,知道你的时间都去哪儿了。

② 把一些事情砍掉,保证时间和精力都专注在自己的事情上,专注可以大幅提高产能。创建时间专注/分心记录表,记录下自己专注和分心的时间,不断增加自己的专注时间、减少分心时间。

③ 树立一个切实的且稍有挑战性的目标,用目标倒逼自己产出,提升效率。

④ 找到你的核心问题,用能带来正反馈和切实有效的方法提高你的效率。

十倍速效率

① 找到非同寻常的方法,不追求平庸的机会,在专业的基础上加上杠杆,达到十倍速效率增长。

② 巧用非常规互动式写作,写作效率可比一般写作者快十倍。我和我的团队使用"提问互动和交流,产生思想碰撞,录音记录,语音转换文字,整理总结,再补充事例和案例"这样的互动式写作,一年可以连续写3～4本高质量的书,用十倍速的方式践行写作,写作效率比一般写作者快十倍。

③ 善用问答式视频拍摄手法,视频运营效率或可提升十倍。通过收集问题,以你问我答的形式共创,并取景录视频,这样既互相学习和提升,还不会显得刻板,视频运营效率可大幅提升。

一份时间卖多次

① 学会把一份时间卖五次:不追求提升表面的单位时间效率,要去追求未来的时间产出。这样能让你的一份时间,产出五次效果。如果一份时间不能被卖五次,那么花这份时间做的这件事建议想办法规避它。

② 用"飞轮效应"把一份时间卖五次:让你做的所有的事都互有关系,并且能够相互促进。
第一次,启动轮:积累经验,尝试启动。
第二次,拉客轮:企业培训,扩大私域。
第三次,变现轮:打磨课程,持续变现。
第四次,裂变轮:扩大影响,不断裂变。
第五次,衍生轮:衍生产品,打造爆款。

选择赛道：新兴三年内的行业

前阵子，我看到一个微博热搜"在北京月薪一万能过得怎么样"，其中一条评论吸引了我的注意力：北漂八年，月薪八千，没有生活，只有活着。

博主毕业时入职一家报社，随着融媒体兴起，大众获取新闻的习惯转移到手机端，报纸行业不再那么景气，尤其遇到疫情需要裁员时，公司把他放在了裁员名单上。他哭诉着："明明已经很努力了，为什么就是不能成功？"

因为在成功的因素里，努力占的比例非常小。

雷军当时做金山时非常努力，后来发现很多后辈超过他了，他得出一个结论：你如果真的想做成一件事情，不是说自己有多厉害，而是要找到一块在悬崖上的石头，用力把它推下来。

努力只是标配，因为做任何事情都要努力，而成功需要天时地利人和。世界给你的回报不是看你有没有努力，而是看你有没有遇到好的机遇，选择正确的努力方向。

选择一条好的赛道，你能超过90%的人。

有一位互联网员工在社交媒体上发的内容引发了400多条评论。他写了自己晋升的故事：工作10年，非科班出身，非统招本科，做过几年外包，因为起点比别人低，所以比别人都努力，自学了很多技术栈，后来有幸加入互联网大厂，凭借自己的努力年薪涨到了200万。

这条动态的下面，有这样一些高赞评论：

"时代比个人努力更重要。"

"前面10年刚好是红利期，后人复制很难。"

"楼主很努力，必须点赞，但和你一样努力的也很多，比你努力的也不在少数，为什么他们没有200万？"

被时代所造就的人们，多少都有自己是凭借一己之力开天辟地的错觉。但那永远只是错觉。

时势造英雄，没有所谓的马云时代，只有时代中的马云。绝大多数人会高估自己的才华，忽略时代的重要性，殊不知，他们的成功很大部分也是因为连续踩到很多个风口，踩中一个不行，一定是连续踩中。

我当前的成功，就是因为连续选中好几个赛道：第一个赛道是微信公众号，写了很多篇爆款，还以此做了爆款写作课程，出了书；第二个赛道是短视频，在大平台里了解了视频的算法推荐机制，指导别人做了多条爆款内容；第三个赛道是整合营销，将一整套方法迁移到了微博、知乎、小红书等平台，出版了《从零开始做内容》；第四个赛道是教育，搭建英语教育矩阵获得行业第一。

我们应该如何选择赛道？

第一，选择新兴三年以内的赛道。

一个行业的发展通常为"1-3-5-7-10"模式：1年启动，3年初具规模，5年爆发，7年巅峰，10年没落。

一个从零起步的行业，容易夭折，加入这样的新兴行业需要承担太大的风险；相反，如果一个新兴行业存在了三年，它就有极大的发展可能性。因为新行业需要一年时间吸引一流人才，接着需要一年让人才融入和发挥作用，等到第三年，该行业就能吸纳市场大多数人才，彼时已能形成基本的商业模式，迎来新的5年爆发时期和7年巅峰时期。

例如，微信公众号2012年面世，2014—2015年有大量创作者涌入，2016—2017年开始爆发，商业模式成熟，2018—2019年步入巅峰，而如今，大众从文字转向视频，公众号增量放缓。

而当一个行业发展至第十年，空间接近饱和，这个行业的秩序、规则已经被先入场的人写好了，你怎么能超越别人呢？比如金融行业，专家通常都是中年人，他们有阅历，有无数操盘经验。对于这种确定性的行业，你加入之后就只能拿确定性收入，在什么年纪晋升到什么级别、获得多少薪资回报，这些都是确定的。

而在新兴三年内的行业里，厉害的人少。

这里没有成型的方法，没有专家。

而且，如果你加入的是一条特别好的赛道，该赛道今年市值50亿，明年翻倍达到100亿，即使你什么都不做，都会跟着赛道被动地增值。

我有一个北大毕业的朋友，在校期间选择"躺平"，当清华、北大的其他同学选择毕业后加入投行、金融等确定性很强的行业时，他选择了更轻松的教师职业，去了一家在线教育机构，别人都很诧异为什么北大毕业还会选择当网络老师，但就是这么机缘巧合，在线教育赛道兴起，他很快赚到1000万。

如何正确判断和选择新兴赛道？你要了解资本都投向了哪里。

商业从来不是做慈善，资本都是主力军。投资人的背后有非常强大的背调体系和风险评估体系，他们已经替你研究好了当下什么行业最具备可能性。融资多的行业就是未来的新兴行业。

前十几年，市场的钱都砸向了房地产，所以房地产迎来了黄金十年；后来，资本转向互联网，互联网时代来了；最近一两年，资本投向在线教育、新能源，走向了新的赛道。

关注市场资本动向，你可以从这些地方获得信息：

虎嗅：聚合优质的创新信息与人群，有大量深度的商业科技资讯。

36氪：为用户深度剖析最前沿的资讯，内容涵盖快讯、科技、金融、投资、房产、汽车、互联网、股市、教育、生活、职场等。

IT桔子：创业投资数据库和商业信息服务提供商，有海量的项目、投资收购新闻、行业调研、商务合作等。

晚点LatePost公众号：由小晚团队和中国权威财经媒体《财经》杂志联合创办，聚焦互联网领域，致力于传递优质的商业报道。

第二，在新兴赛道里，选择你喜欢且擅长的赛道。

除了选择新兴赛道，你还要选择自己喜欢的行业。

日本教育家木村久一说过："天才，就是强烈的兴趣和顽强的入迷。"

你要知道自己喜欢什么，才有长期持续从事的可能，没有人会在一件不热爱的事情上花费大量的时间精力。如果你不喜欢这个行业，即便你每天能赚到钱，你的热情依旧会被消磨，导致很容易放弃。

区块链很火时,我有一位客户是某区块链平台高层,但是她不喜欢区块链,也不喜欢比特币,当大多数公司同事都选择"现金+比特币"的薪资方案时,她选择了纯现金的方案,后来比特币大幅升值,很多普通员工因此财富自由,她却错失良机。

很多人会问:我如何知道自己喜欢什么?擅长什么?

很简单,你只需要反问自己两个问题:你在什么地方花的时间和金钱最多?这件事能否给你带来正反馈?时间和金钱可谓是一个人所拥有的最宝贵的东西,如果你愿意花时间和金钱,这件事情一定是你喜欢且相对擅长的。

《哈利·波特》魔法学校的校长邓布利多曾告诉哈利·波特:"决定我们成为什么样的人的,不是我们的能力,而是正确的选择。"这句话也是《哈利·波特》作者J.K.罗琳的真情流露,罗琳从穷困潦倒到成为英国最富有的女人之一,就是因为基于自己所热爱的事情选择了正确的方向,并且长期满怀坚定的信念。

J.K.罗琳从小就喜欢写作,擅长讲故事,6岁时就写了一篇兔子的故事,并且将故事讲给妹妹黛安听,这个习惯保持多年。上大学后,她主修法语和古典文学,继续钻研自己所擅长的专业。

1989年,罗琳在从曼彻斯特前往伦敦的火车上偶遇一个瘦弱的戴着眼镜的黑发小巫师,那个男孩一直在对着她微笑,从小天马行空的罗琳开始在脑海里想象一段又一段的故事,哈利·波特也就诞生了。期间,她经历了无数个贫穷、黑暗的日子,家里经济落魄,她靠着政府的救济生活,经常去附近的咖啡馆写作,直到1997年,哈利·波特系列第一本书——《哈利·波特与魔法石》才得以出版。

由于对创作的热爱和选择,J.K.罗琳创造了一个风靡全球的属于哈迷的魔法世界。

第三,无论如何,去大城市打拼一次。

我有一个朋友在北京创业,公司一年营收几千万,2020年他去西安给中小企业讲课,把北京创业公司的一些经验、常识讲给西安人听,他们觉得受益匪浅。这瞬间让他意识到北京和西安在某些方面的差距:"其实不是我厉害,而是北京厉害,在北京,能人异士太多了。"

因此,无论你将来选择在大城市还是小城市定居,都一定要来一次大城市,因为这里聚集了诸多优秀的人,在这里,你会接触到很多的资源和机会,获得更大的眼界和格局。

安迪·沃霍尔说:在未来,每个人都有15分钟成功、成名的机会。

这个未来现在已经来了。

本节总结

1. 选择新兴三年以内的赛道：新兴行业一般会经历"1年启动-3年初具规模-5年爆发-7年巅峰-10年没落"阶段。进入新兴三年以内的赛道，这里厉害的人少，可以有更多的机会。因此，你可以跟随投资机构判断市场的钱在哪里，可以关注虎嗅、36氪、IT桔子、晚点LatePost公众号等市场动态信息。

2. 在新兴赛道里，选择你喜欢且擅长的赛道。思考你在什么地方花的时间和金钱最多？这件事能否给你带来正反馈？选择喜欢的新兴赛道才能坚持，并放大致富的可能性。

3. 在大城市打拼一次。无论你将来选择在大城市还是小城市定居，都一定要来一次大城市，提升格局和视野。

公司选择：头部的公司和团队

刚迈入社会的那几年，应该选择大公司还是小公司，是去私企还是国企？

钟晴今年毕业，拿到不少公司的offer，有的是初创公司，开出一万以上的月薪，扁平化管理，创始人直接指导；有的是中小型公司，已经有相对成熟的培养体系，但薪资一般；有的是互联网大公司，薪资更低，但公司福利还不错；还有的是体制内单位，"铁饭碗"。

钟晴很苦恼，看了很多关于公司选择的分析，最后反而把自己看糊涂了。

我说："现在哪儿还有什么铁饭碗，在未来唯一不变的，就是变化。"

因为时代发展太快了，所以未来不会存在"铁饭碗"，你应该先选一个好赛道，选择好的公司。

大小公司都要去尝试。在大公司你可以拥有更好的平台来培养视野和格局；在小公司，你可以有更大的发挥空间，更能把规划执行和落地。

我认识一个北大的女生,高中就在各大学生组织崭露头角,以至于大一就在寻找工作机会。她最初去了一个很小的教育公司,由于公司的信任,她拥有很大的发挥空间并且想法能够落地,但实习一段时间后,她发现小平台具有局限性,于是从公司里辞职。

第二份实习,她直接入职某个互联网大厂,以全新的视角接触完全不同的工作环境。虽然她的实习时长无法见证一个项目完成,但她能拥有更全面的思维。

如何选择公司?下面是四层级工作选择法:

第一层级:在你的能力范围内选择一家超级公司。

成熟的企业体系和广阔的平台可以培养你的思维与格局,你所接触到的人群和业务也与在小公司里是完全不同的。诸如互联网行业的字节跳动、腾讯、阿里巴巴、百度、美团、滴滴等,这些公司代表着当下最好、最新、发展最快的行业机遇,能给你的未来发展带来更多的资源和人脉。

第二层级:选择新兴行业的头部公司。

如果超级大公司去不了,那你可以选择新兴行业的头部公司,它们的竞争对手没那么多,新风口的天花板足够高,你在这样的公司里更容易获得较大的成就，也能因此得到公司甚至行业的认可。

第三层级：选择头部公司高管的创业公司。

加入超级和头部公司的本质在于你能跟优秀的人学到东西。如果前两个层级的公司你都无法进入，那么可以选择加入一些头部公司高管创业的初创公司。

我有一个朋友想进入券商行业，但是投资券商类公司对人选要求非常严格，他的条件满足不了。于是，他找到了一个前辈，这位前辈原来是头部券商公司的高管，后来出来创业，急需人才。他跟着前辈做了两年，在行业内也积累了一定的知名度，获得不少资源，自己也拥有了更高的价值。

第四层级：选择风口上的中腰部公司。

如果你的实力还没有达到一定高度，可以先去一个风口上的中腰部公司，工作一段时间后，再跳到一个头部公司。人生就像在游戏里升级打怪，你要不断寻找最合适的风口，才有机会起飞和成长。首先，在小企业的工作尝试是有价值的，你可以多做一些创造性的产出；然后，在合适的时机跳到更大的平台。

本节总结

1. 第一层级：在你的能力范围内选择一家超级公司。成熟企业体系和广阔的平台可以培养你的思维与格局。

2. 第二层级：选择正在风口的新兴行业的头部公司。你在这样的公司里更容易获得较大的成就，也会因此得到公司甚至行业的认可。

3. 第三层级：选择头部公司高管的创业公司。跟随行业前辈提高专业能力并获取更多资源，让自己拥有更高的价值。

4. 第四层级：选择风口上的中腰部公司。磨炼你的技能，再把它当作跳板去头部公司。

基础效率：提升单位时间效率

老王是某家上市公司的管理者，最近在管理方面有困惑，问我："我们公司，有的员工每天都在加班，感觉很勤奋，你觉得这是他们吃苦的表现吗？"

我摇摇头。加班分两种，一种叫"有脑加班"，一种叫"无脑加班"，得看你的员工加班具体是为了什么。

什么叫"有脑加班"？你能很快地把自己的工作给做完，同时你加班时，也在思考当前业务未来的发展情况，站在领导角度给领导提出一些当前问题的解决方案。

什么叫"无脑加班"？效率低，产出低，却还毫无察觉，只能用时间掩盖你的低效，用战术上的勤奋掩盖了战略上的懒惰，然后还自我感动一番。

我们通常把"无脑加班"视为"假勤奋"，你可以在下面的自测表中思考一下自己是否存在"假勤奋"。

表1-1 自测表—工作中是否存在假勤奋

自测：在我的生活工作中，是否存在假勤奋？		
问题	是	否
你是否在做事时，没有目标，闷头去做？		
你是否知道你做这件事情的意义是什么？		
你是否经常因工作没做完而加班？		
你是否有正确的做事方式？		
你是否会盲目从众，看到其他人做得好，你也想跟风去做？		

我也曾遇到员工问我怎样才能避免无效的努力，减少加班。

我告诉他们，效率低才要不断加班，提高效率是最直接的做法。

想要提升工作效率，最关键是做好这几点：

第一，做时间记录笔记，统计你花在什么地方的时间和精力最多。

你清楚你一天的时间都花在哪儿了吗？你对你的时间做记录了吗？

绝大部分人不知道一天时间花在哪儿了，尤其如果详细追问时间具体花在哪儿了，就更不清楚了。因为，很多人并没有做时间记录的习惯。

管理大师彼得·德鲁克在《卓有成效的管理者》中说到，要想知道时间都去哪儿了，就要记录时间，分析时间，并且系统分配时间。他还强调："必须在处理某一工作的'当时'立刻记录，而不能之后凭记忆补记。"因为时间是具有客观性的，补记时往往会加入自己的想法，记录不准确。

不妨创建一个时间记录表格，记录下一天所花的时间，如：

表1-2 时间记录表

日期	时段	类别	任务名称	所花时间
2021/07/07	上午	工作	完成部分章节撰写	90mins
		休闲	刷视频	30mins
		休闲	和朋友微信聊天	30mins
	下午	工作	思考和制订自媒体输出计划	60mins
		工作	和部门同事交流项目	45mins
		休闲	刷朋友圈	20mins
	晚上	休闲	看剧	60mins
		学习	看书并写读书笔记	45mins
		休闲	打游戏	60mins

当我们每做一件事情时，在当时就把这件事用表格记录下来，就能清晰知道一天之中的时间都花在了什么地方。

然后，你可以统计自己在每个类别上花的时间总长，比如上述表格，一天中竟然在休闲上花了200分钟，竟然这么多时间！在工作上，有效时间只有195分钟，仅3小时15分钟。如果你不去统计，就无法清晰了解你的时间到底去哪儿了。

当然，你也可以借助一些时间管理工具APP，它们具备时间记录和分析的功能，还可以对时间进行规划和安排。比如使用"滴答清单"可以规划并有序排列你一天的时间，使用"番茄ToDo"可以借助番茄钟记录和规划你的工作时间和休息时间，使用Timetrack可以记录并分析你的时间。

第二，保证时间和精力都专注在重点的事情上。

有个朋友是一家创业公司的老板，目前带领着20人的团队做电商，由于刚创业不久，对于很多管理方面的工作没有太多经验，每天被运营、团队管理、财务报表等一堆事儿围着，每天时间和精力都不够用，一天下来精疲力尽感到很累。然后她找到我问："平时我工作非常忙，但为什么到头来却发现自己什么也没完成？"

很明显是她的时间分配出现问题，她用了80%的时间，却只干出了20%的效果。

我回答："现在把你要做的事情都罗列出来，然后只选择最重要的三件事，其他事先不要去看，也不要去管。在这一天中你花重要精力处理好这三件事情，在这些事情中，集中精力完成一件再做另外一件，不完成不罢休。"

过了一个月，她欣喜若狂地跑来告诉我，她慢慢已经能够处理好她团队的事情，做到有条不紊了。

她主要做了以下三点：

1. 梳理出目前的所有事情，只选择做前三件最重要的事情。
2. 三件事情集中做一件事，做完一件再做另外一件。
3. 充分放权，解放时间，安排属下完成基础工作。

米哈里·契克森米哈赖在《心流：最优体验心理学》中指出，专注能使人产生心流状态——我们在做某些事情时，那种全神贯注、投入忘我的状态。

在这种心流状态下，你甚至感觉不到时间的存在，你会有一种充满能量并且非常满足的感受，此时你的效率和产能是最高的。

我们的精力有限，注意力宝贵，不要再把重要的资源放在无用的信息及那些不重要的琐事上，不然你会有很疲惫和被掏空的感觉；把时间专注在重要的事情上面，砍掉其他无关的事情，效率才能显著提高。正如《华为时间管理法》提到的：华为的员工根据其价值观和理念，把全部精力放在完成一件最高优先级的任务上，当完成的一瞬间，能感受到极强的成就感和满足感。

因此，当我们通过详细记录时间模块，掌握自己的时间究竟花在了什么地方后，紧接着，我们需要对这些时间进行分析——

哪些事情是可以砍掉的？

比如下面这张时间记录表中，关于休闲板块，刷视频、看剧、打游戏这些，我是不是可以砍掉？或者减少现阶段对我成长意义不大的事情，从而安排更多时间做杠杆更高的事情，专注在重要的事情上，如把这些时间用在文章撰写以及看书和写读书笔记上。

表1-3 优化后的时间记录表

日期	时段	类别	任务名称	所花时间	时间优化
2021/07/07	上午	工作	完成部分章节撰写	90mins	可以提效
		休闲	刷视频	30mins	可以减少时间
		休闲	和朋友微信聊天	30mins	/
	下午	工作	思考和制订自媒体输出计划	60mins	/
		工作	和部门同时交流项目	45mins	/
		休闲	刷朋友圈	20mins	可以减少时间
	晚上	休闲	看剧	60mins	可以砍掉
		学习	看书并写读书笔记	45mins	可以增加时间
		休闲	打游戏	60mins	可以砍掉

从上表中，我们可以看出来，有些时间是被我们无意浪费掉的，比如我们总会不自觉被朋友圈、短视频吸引注意力。

不被一些冗余信息所吸引，专注在当前重要的一些事情上，而对于这些重要的事情，再集中精力一件一件处理其中20%最重要的事情，你的效率会大幅提高。

因此，除了分析大块的时间外，你还需要关注自己在做某项工作时，是否足够专注，是否会分心。你可以记录下自己专注和分心的时间，不断增加自己的专注时间并减少分心时间，不妨也在自己达成专注目标时，给自己设置奖励，刺激自己不断专注。

表1-4　时间专注/分心记录表

时间专注/分心记录		
专注事项	分心记录	备注
写稿码字两小时	朋友圈刷了10mins／和朋友聊天15mins	分心的时间完全可以避免
看书并写读书笔记	接到一个重要电话聊天20mins	可以理解，偶尔的紧急事项需要处理
开会并记录会议纪要	无	/

第三，树立合理的更高要求的目标。

保罗·R.尼文在《OKR：源于英特尔和谷歌的目标管理利器》中强调，所谓目标，是驱动组织朝期望方向前进的定性追求的一种简洁描述，主要解决的问题是："我们想要做什么？""在什么时间内完成什么事情？"

树立一个切实的且稍有挑战性的目标，用目标倒逼自己产出，提升效率。

以写作为例，如果你原本要求自己一天写6000字很难做到，那么可以树立一个更高的目标，跳一跳才能到达的程度，比如1万字。通过想方设法加时间以及对自己狠一点，用这个够一够才能达到的目标，倒逼自己稳定达成6000字目标。

一旦达到6000字的目标，你就已经比之前进步了，但还不及预期，那快速站稳脚跟的方法，就是把目标前置，着眼于1万字的目标输出，当你能输出1万字时，才可能稳定地产出6000字。

前面也提到过，要在提高效能的基础上提高效率。一定要清楚，你写作的目的是什么，而不是盲目地去输出。

第四，解决核心问题，寻找新方法和正反馈。

托马斯·爱迪生曾说："忙碌未必等于实干，所有工作的目标都是产出产品或有所成就，无论是哪一种，都需要未雨绸缪，讲求章法，有计划，有智慧，目标明确，踏实肯干。有时看似在做，却没有做。"

当你发现工作效率低时，要深度思考为什么效率低，而不是闷头地继续低效做事。

美团点评创始人王兴在接受《财经》杂志采访时说道："多数人为了逃避真正的思考，愿意做任何事情。"这句话很现实，其实就是说大部分人为了掩盖自己思想上的懒惰，不愿意去深度思考，而接受去做任何事情。

当你深度思考了效率低的原因，你会发现，你可能是做事的方法不正确，或者是很容易分散注意力，又或者是其他什么原因。挖掘出影响你效率的核心问题。

如果你写作效率低，你发现是方式的问题，那你可以换种方法，比如用"录音转文字"的形式，对着录音笔和朋友交流自己的想法，说完以后，把录音转换成文字，再改成文章。你可以对比一下整体的效率，如果效率高、适合你，那就使用；如果不适合，那就再寻找新的方法去提效率。

所以，当你效率低时，找到你的核心问题，针对核心问题去找方法，直到这个方法切实有效且能提高你的效率。

退一万步讲，如果你刚做一件事情时确实效率比较低，有适应成本，那你还需要做的是自己加时间，用时间换取效率，保证产出。

因为当你明确了必须要达成的目标后，就要有足够的狠劲。效率不行的话，就先保证量，再谈论如何提升效率的问题。

因此，当你在指定时间提高不了效率，就只能多付出时间，用时间去逐步熟悉这件事情，从而提升效率。我最早在某头部新媒体公司实习时，写稿也写不出来，我就逼自己增加时间的投入，加班写、在回家的地铁上写、在住的青旅中熬夜写，用时间换取效率，保证我能达成目标产出。

本节总结

1. 做时间记录笔记，统计你花在什么地方的时间和精力最多。创建你的时间记录表格，立刻记录下来一天所花的时间，知道你的时间都去哪儿了。

2. 把一些事情砍掉，保证时间和精力都专注在自己的事情上，专注可以大幅提高产能。创建时间专注/分心记录表，记录下自己专注和分心的时间，不断增加自己的专注时间、减少分心时间。

3. 树立一个切实的且稍有挑战性的目标，用目标倒逼自己产出，提升效率。

4. 找到你的核心问题，用能带来正反馈和切实有效的方法提高你的效率。

十倍速效率：比同行快十倍

王先强是一个已工作五年左右的职场人士，经过职场的历练和洗礼，他的效率已高于一般同事，一天能高效处理完工作，且业余时间还能开展副业，靠副业收入也赚了不少钱。

他回望过去，曾面临成长问题，也曾不断克服困难获得成就感。这一路走来，很努力也很幸运，虽然遭遇过难题，但也都迎刃而解了。

他的单位时间处理事情的效率明显高于同龄人，这是他不断刻意练习的结果，但他最近陷入一个瓶颈期。他在想，如何才能在此基础上再提高效率？他感觉在认知方面还需提升，而正是这些缺失的认知，阻碍了他更疯狂地成长和拥有更大的成就。

管理大师彼得·德鲁克谈过效率（Efficiency）和效能（Potency），效率是指你尽可能快地达成目标，而效能则强调你要达到一个正确的目标。

效率是过程，效能是结果。那如何用效能来换取效率呢？除了提升单位时间产出，我还有一种更高效的方法——"十倍速效率"。

我的人生第一准则,就是一句话:赛道×效率=成功。

你应该去找到一个新的赛道,用新的方式和新的玩法,然后找寻能让你比同行快上十倍的办法,大幅度提高你的效率,最后收获成功。

如果你和别人做的工作都一样,那相当于你是在和一万个人跑步马拉松,你的竞争压力特别大,可能还拿不到靠前的名次,如果要拿到好名次,你要付出比平常高若干倍的努力。

在新赛道就意味着你的竞争者可能只有10个人,就算你跑得不算太好,折中也是第五名,但是在万人赛道里你就不一定有这个名次了。

在一个好的赛道里,如何做到比别人效率更高?

找到非同寻常的方法,不追求平庸的机会,在专业的基础上加上杠杆,达到十倍速效率增长。

第一,巧用非常规互动式写作,写作效率可比一般写作者快十倍。

做新媒体这么多年,我是如何践行十倍速效率的?为什么我一年可以连续写3~4本书,为什么我的出书效率这么高?我是在用十倍速的方式写书。

你会发现，对于实用类文本的写作来说，大部分人是通过"自己写"的方式去写，而他们会认为："写书不都应该是通过总结经验写出来的吗？"

但是我和我的团队做的不一样。我们的书不是直接闷头写，而是通过提问互动和交流，产生思想碰撞，用录音的方式记录下来，通过语音转换文字，整理总结，再加上事例和案例形成的。这种方式区别于普通的写作方法，我称这种创新的写作方式为"互动式写作"。

通过这种互动共创的方式，我和我的团队可以高效达成一年写3～4本高质量书的目标。而且通过这种方式出版的书籍，读者反馈"很易懂""有浓厚的兴趣读下去"。也有读者表示："就像你在跟我说话一样，很有亲切感。"

如果你和另一个作者用常规的方法比拼常规的效率，那么你们之间的较量就是：

你一天写3000字，他一天写5000字，你觉得效率低不如对方。当你努力提升效率之后，一天能写6000字，比对方多1000字，一个月下来，你也只比对方多写3万字，这可能只是一个章节的内容。

但我没用这种方法，我用的是互动式写作。

我计划写一本书，于是叫上我的助理，让她就相关话题准备好问题问我，我们通过问答形式交流了两小时，然后把录音转成了5万字的文字。第二天我只整理出了5000字的内容,这时我比普通作者的产出要慢。但是五天后,我把所有文字处理完,就拥有了近5万字的初稿;再通过两周时间丰富故事和补充案例,得到了8万字的成稿;最后再精修文字与精炼语言,就形成了一本书。

用两周到三周时间,我和助理就完成了一本实用类图书的创作。

而一个普通的作者,通过常规形式写作,每天创作一定字数,快则三个月左右成书,慢则一年以上才成书。

如果把常规写作比作线性平稳增长,互动式写作就像是指数爆发式增长。

所以,我们在常规的方法下效率提升遇到瓶颈时,不妨去找寻一些新的方法,突破常规,十倍速提高效率。

第二,善用问答式视频拍摄手法,视频运营效率足足提升十倍。

除了写作出书以外,拍摄短视频,我们也同样使用十倍速效率法。

在新媒体行业,大部分同行做短视频内容是提前写脚本,再录制视频并剪辑的。写稿需要一天或半天,剪辑需要半天,才出成品。

但是我做的方式不一样。在拍摄视频前,我会让助理搜集

100个相关领域的问题问我,以问答的形式,取景录视频。

因为视频是给观众看的,核心在于解决观众最关心的问题,无非就是通过收集观众疑问和困惑,找出有共性的点,高效提出解决方案和解答疑惑。

所以选题无非就是看用户需求什么、关心什么,给出解决方案。

所以,我创作的短视频作品,是我和助理以你问我答的形式共创的,既互相学习和提升,还不会显得刻板。

如果我按照同行普通的方式,同样的工作别人两天干完,我再勤奋最少也要一天干完,那这样才领先多少?

通过问答的形式进行拍摄,我能录上100条视频,这100条短视频,也总有几条数据不错上热门的。

通过这种方式,我们把短视频运营这项工作的效率足足提升了十倍!

在此基础上,我还在不断迭代升级,探寻更高效的方式,比如我们的目标是要把短视频的总播放量做到一亿,那我通过上述方式,拍摄100条短视频,假设每个视频有10万播放量;也不乏会出几条爆款,假设爆款为100万播放量,会出5个爆款,那么拍摄100个视频,得到的播放量是1450万。

重复7次,我们可以做到一亿以上的播放量。

那这次迭代升级后,我会更加注重选题和视频质量,坚持以爆款为原则，找寻能拍摄爆款的选题。那同样，再来计算一下，假设还是使用上述的十倍速效率方法——问答式视频创作，由于需提高视频质量，假设单位时间内拍摄数量减为一半，为50个。假设这50个视频中，出了3个1000万播放量的大爆款，6个500万播放量的中爆款，剩下的播放量为50万。

那计算下来，就有8050万播放量，重复两次，我们就可以做到一亿以上的播放量。

相对于上次，工作的效率足足又提升了2.5倍。

所以，找到那个不同寻常的方法，通过不断精益求精，迭代升级，把十倍速效率不断极致利用，效率会提高得非常可观。

牢记，永远不要和同行一样。一旦一样，你又进入了一个平庸者的竞争环境中，你会越来越累，你会越来越狭隘。一定要找到和别人不一样的地方，用十倍速效率的方法，远远领先于同行。

本节总结

1. 找到非同寻常的方法，不追求平庸的机会，在专业的基础上加上杠杆，达到十倍速效率增长。
2. 巧用非常规互动式写作，写作效率可比一般写作者快十倍。我和我的团队使用"提问互动和交流，产生思想碰撞，录音记录，语音转换文字，整理总结，再补充事例和案例"这样的互动式写作,一年可以连续写3~4本高质量的书,用十倍速的方式践行写作,写作效率比一般写作者快十倍。

3.善用问答式视频拍摄手法。通过收集问题,以你问我答的形式共创,并取景录视频,这样既互相学习和提升,还不会显得刻板,视频运营效率足足提升了十倍。

一份时间卖多次：飞轮效应

曾经有一个朋友，他非常喜欢做时间管理，每一天都给自己排得满满的，比如他周末的安排是：七点起床，八点到十点读书，下午三点要进行课程学习，晚上七点健身一小时等。每天计划得非常满，但总是完不成，每次完不成还很焦虑，由此很困惑。

于是他找到我，想让我分享如何提高自己的效率，让自己一天搞定很多事。

我说，其实我的效率挺低的，每天也干不了多少活儿，他不信，非说我不够坦诚，然后我就写了以下的文字，不仅给他，也给很多像他一样的人。

要想让自己的效率更高，更加值钱，一定要把你的一份时间卖多次，让你的成长一年顶五年。

李笑来在《通往财富自由之路》里说赚钱分三种：第一种是一份时间卖一次，第二种是一份时间卖多次，第三种是买卖其他人的时间。

如果你只做第一种，很难发财，因为你的时间是有限的，而客单价的天花板高度又是有限的，显然挣钱的逻辑受限。

所以想要发财，就要多做第二三种。

我自己就是这样，一份时间卖多次。我之前在写书的时候，并不是特地来写这本书，而是将日常的讲课和分享、为别人解答问题的过程都录音，把录音转成文字稿，编辑后成为一本书。

所以我的书真不是我花半年时间对着屏幕一个字一个字敲出来的，而是我见了一百个人，做了十场分享，整合一下这本书就成了。

第三种也很简单，就是做老板。当老板的本质就是买卖其他人的时间，低价买入员工时间，再产生更高的利润，做到的老板都成功了，做不到低买高卖的就会破产。

单次售卖时间就只能不断提高客单价，所以人生就是要想方设法完成后两种。

因此，我的单位时间效率很低，而我不追求提升表面的单位时间效率，而是追求未来的时间产出。这样能让我的一份时间产出五次效果。

相当于我的一天等于别人的五天，我的一年等于别人的五年。

什么意思呢？就是让自己做的所有的事情都互有关联，让事件A成为事件B的基础,事件B又会为事件C提供背书,然后A+B+C=D,D又可以对A、B、C进行反哺。

我的底层思维就是:如果做一件事的时间不能被卖五次,那么这件事我会想尽办法规避它。我的每一份时间都平均被卖了起码五次,我的一年相当于别人的五年。

我发现我的"一份时间卖多次"的方法暗合"飞轮效应",就是说我们在每件事的开头,应该付出更大的精力来让这件事转起来,因为启动轮一转动,就会带动后面更大的轮子飞快转动。这是管理专家吉姆·柯林斯的《从优秀到卓越》提到的一个概念,同时改变了很多世界名企,亚马逊就是其中受益最大的公司之一。

为什么亚马逊能够迅速从一个做网络书籍销售服务的公司扩展到美国最大的网络电子商务公司?

成功关键在于亚马逊扎实地做好了飞轮效应中的启动轮。

亚马逊创始人贝索斯早期提出:一个公司的各个业务模块之间会有机地相互推动,就像是咬合的齿轮一样。不过这个齿轮组从静止到转动起来需要花费比较大的力气,但是每一圈的努力都不会白费。一旦有一个齿轮转动起来,整个的齿轮组就会跟着飞速转动。

亚马逊飞轮的起点是通过卓越的用户体验积累起来的。早期的亚马逊对于客户的体验及售后都做得特别好,客户在其平台上购买了商品如果不喜欢或者不合适，客服直接表示无须退货，直接退款处理。极致的用户购买体验积累了一大波优质的忠实客户。

再然后，通过创建Prime——亚马逊的会员服务，使之启动，相当于整个齿轮组的启动轮，由此获得了巨大的流量，随之其继续开展Marketplace第三方卖家平台、AWS云服务，每个环节不断转动，以此形成飞轮。

在一次采访中，贝索斯认为，亚马逊是一家传教士一样的公司，以创造出让消费者生活美好的极致服务为己任，如果没有广大客户的支持和认可，就没有亚马逊。

让我惊喜的是，飞轮效应不仅适用于企业，也适用于个人。

原来我"一份时间卖多次"这套方法论是通用的，我把它延伸到小红书、短视频、微博中，都一样有效果。我在任意环节卖出去的任意产品都会进入我的循环里面，就这样形成了一个完整且不断循环的闭环。

2018年，我做了一门有复利作用的课程——写作课。我把写作知识整理成课程，用"在行"咨询变现。但是变现了一段时间以后，发现遇到了瓶颈，不怎么增长了。

这个时候，我就借助其他一些平台，比如"行动派"。我和"行动派"合作，我挣的钱不多，我拿20%，他们拿80%，为什么我还愿意跟他们合作呢？因为我想把他们的流量给拉到我这里来。为什么我使用"在行"？是因为它也有流量。我向平台借势。

但我觉得还不够，我就做些一下能卖出去很多份的东西。比如我出一本书，其实只赚三块钱，为啥我还要出？出书还特别耗时间，我有这个时间其实做别的事挣得会更多。

但是我出书，一本书起码能卖出去5000册。这5000个读者都是我的用户，都是我的客户。我的书在微信读书，每天为我的公众号增加粉丝，这些粉丝都是看了我的书来的，而且这类用户转化率特别高。

对于实用类、技巧类图书来说，所谓写书浪费时间是因为正常的人写书都写一年，这样子我觉得很复杂。**聪明不是说你智商有多高，而是你知道怎么用最小的成本去解决这件事。**

所以，我就靠出书裂变了，轮子就转起来了。我的书卖得越来越多，我的主业也受益，因为同事会觉得你这个人不光自己写作牛，还能教会别人，你很能解决问题。

我发现我做写作这个主业以后，把写作底层逻辑放到小红书上，放到抖音上，这些东西你会感觉特别类似，是相通的，这就是我的飞轮效应。

飞轮效应对于个人来说，最核心的就是让你做的所有事都互有关系，并且能够相互促进。

绝大部分人发不了财其实就是因为他们只把自己的时间卖出去了一次。他们不止把工作和生活分得清楚，工作和副业分得清楚，还把工作和工作之间分得很清楚。

那么接下来，我用飞轮模型来拆解一下，我是怎么把一份时间卖出去五次的，方便大家学习借鉴。

第一，启动轮：积累经验，尝试启动。

首先是启动轮，在这一层级，你需要不断积累专业性，并且让更多人知道你。

当时我的主业是写文章，工作中的平台作品提供信用背书。我最开始是做运营的，但是我觉得运营这个事还可以更好玩，我就开始做线下写作课。

2017年的时候，我通过之前一整年在某头部新媒体的实习，积累了写爆款文章的专业经验，于是有朋友找我去做一个新媒体爆款写作营的线下培训。我想，授课时间一天，按照正常语速一分钟240字、一小时1.44万字来算，一天6个小时需要8.64万字的文稿，去掉互动之类的时间，基本也得准备6万字。

我在接到这个需求的时候，并没有开始写课程的讲稿，而是找到"在行"平台，你可以在上面找到各个领域的专家，进行付费咨询。相反，假如你有一技之长，你可以在上面接受别人的付费邀约。

我把我要开的课程，在"在行"上设置成了一个话题，价格也不贵，499元一小时。当我发到朋友圈之后，一下子爆单了，我在两天的时间里密集见了八个人，收集他们的问题，给出了解决方案，并且从中总结出很多共同的写作方面的痛点问题，从他们的反应中找到他们感觉不错的方法。他们的问题被解决了，也帮我梳理清楚了写作思路，记录下了"哦哦哦"的具有认同感的要点。

通过开启付费咨询，我积累了很多内容，并开始了我的启动轮。

因为写作培训这件事本身自带复利作用，通过这件事，大家也开始认识我。

这是我把一份时间第一次卖出去。

第二，拉客轮：企业培训，扩大私域。

第二个层级是拉客轮，你需要用你的专业去慢慢积累你的第一批种子用户。

当时我是通过"在行"咨询，积累了很多的用户和案例，同样，我也将这些内容反哺到第一轮的写作课上。

随着我持续的1v1分享，口碑慢慢积累，很快便获得了我的大客户，获邀去给他们公司培训一次，然后我把基本成型的内容，通过现场多人分享的反馈进一步地升级和优化。

然后我又进行了一次分享，现场200多位企业家，被我的付费内容所折服，现场积累了很多私域流量，这些私域流量为我以后的名气口碑和成交打下了坚实的基础。

这是我把一份时间第二次卖出去。

通过咨询积累，遇到大客户，去企业培训，开始增长拉客，逐渐进入了拉客轮。

第三，变现轮：打磨课程，持续变现。

第三个层次是变现轮，顾名思义，就是要通过各种方式去快速变现。

我是基于线下写作课、"在行"的各种案例，经过机制化打磨扩充成线上知识付费课程，开发了一门写作的线上课，然后大卖，30多万人次收听。

截至写这部分章节内容时，我应该是新媒体爆款写作领域口碑和销量都不错的老师之一。

这是我把一份时间第三次卖出去。

相比于线下课，线上课更容易带来爆炸性的流量收入，为此，我通过线上课程变现，转动到了变现轮。

第四，裂变轮：扩大影响，不断裂变。

第四个层次是裂变轮，我们需要通过打造IP、平台合作等方式，裂变出更多的目标群体。

我是通过做课程、出书打造IP积累粉丝。通过写书，我可以精准地找到我可以提供价值的群体。并且，我开始和其他平台合作，可以接触到更多想做内容的同学。很多时候，个体的力量是在平台之上才开始放大。

在那时有了名气以后，我直接找到了出版社，然后把我精细打磨的文稿按照书的逻辑提了1000个问题，花了不到两周的时间整理成书。

这是我把一份时间第四次卖出去。

然后我用不断完善的这些内容做训练营，做付费的内训，做高客单价的项目，把这份时间卖出去了N次，不断裂变，它们为我赢得了口碑、经济收益、更好的职位和机会。

第五，衍生轮：衍生产品，打造爆款。

最后一个层次是衍生轮，即将这一套模式迁移到其他的领域，实现更多元的增长。

我把公众号写作内容的底层逻辑应用到小红书、抖音，甚至是视频号，实现新的流量增长！

我在做一件事之前会想，**还有什么方式可以把这份时间卖出去**，这件事还能如何帮别人解决疑惑，从而完成付费的过程？

我发现，写作是我的核心优势。但只有写作还远远不够，于是我开始以爆款为定位,在微信公众号写作;再到2018年,我发现短视频是风口,入局短视频行业;再到沉淀出短视频内容的爆款方法论,进军内容营销,成为知乎最年轻的内容总监。

无论是哪个新媒体领域,爆款内容的底层逻辑是一样的,爆款是重复出现的。只是以不同载体和形式呈现罢了。

这是我把一份时间第五次卖出去。

通过写作,我衍生出了公众号爆款内容写作方法、短视频爆款内容的底层逻辑、爆款内容营销的方法。

就这样我在任意环节卖出去的任意产品都会进入我的循环里面,就这样我形成了一个完整且不断循环加深的闭环。

所以,你可以用以下三个步骤来提高的时间价值:

1.每做一件事,首先想想这件事对未来有什么帮助,如果没有,想尽办法规避它。

2.画一个坐标系,横坐标是时间,纵坐标是这段时间做过的事情,如果你的线越接近180度,说明你只在一份时间里做了一件事。如果你的线接近垂直,说明你用一份时间可以做多件事情。

3.尽量找到坐标内多件事情的复用度,这样你就拥有了一次时间卖五次的能力。

本节总结

1. 学会把一份时间卖五次：不追求提升表面的单位时间效率，要去追求未来的时间产出。这样能让你的一份时间产出五次效果。如果一份时间不能被卖五次，那么花这份时间做的这件事建议想办法规避它。

2. 用飞轮效应把一份时间卖五次：让你做的所有的事都互有关系，并且能够相互促进。

   第一次，启动轮：积累经验，尝试启动。

   第二次，拉客轮：企业培训，扩大私域。

   第三次，变现轮：打磨课程，持续变现。

   第四次，裂变轮：扩大影响，不断裂变。

   第五次，衍生轮：衍生产品，打造爆款。

10 · 倍 · 速 · 成 · 长

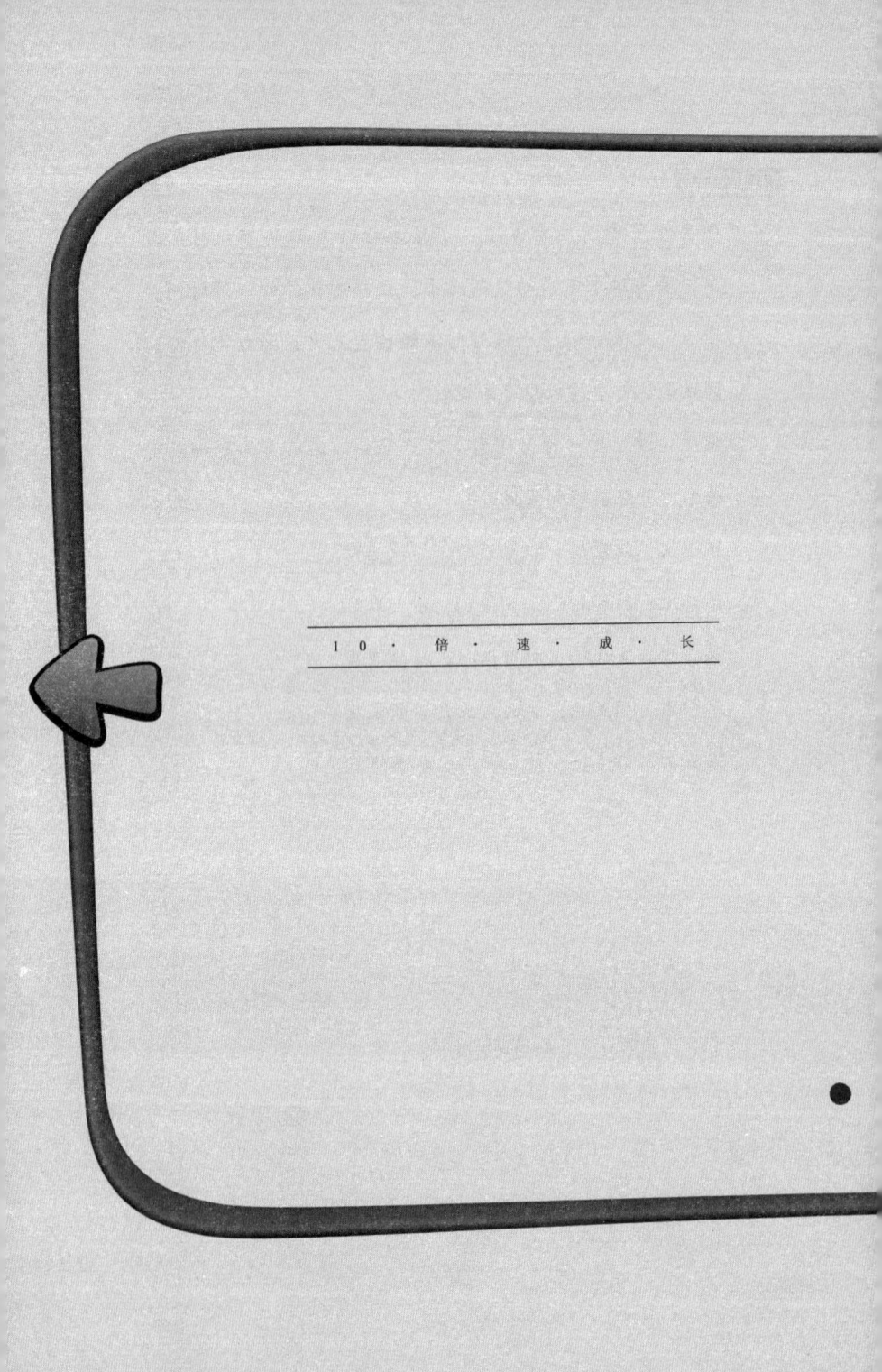

第二章
聚焦重点，放大优势
CHAPTER 2

二八定律

❶ 分析最能达成目标的关键因素,这就是你的20%。做成一件事可能有100个因素,但很多时候你成功不是因为你做对了100件事,而是因为做对了最关键的一件事,最直接的因素对你的成败有着关键性影响。

❷ 在关键因素上花费时间和精力,做好最重要的20%。在确定好达成目标的关键因素后,把时间和精力重点放在这些事情上。尽你最大努力先把这些事做到最好,这利于你更快、更直接地触达想完成的目标。

丰田五问

❶ 培养深度思考的习惯:深度思考可以探寻到事物规律,抓住本质,会思考的人会直接解决关键问题,不会思考的人只会不断解决没必要的麻烦。

❷ 遇到问题时,用丰田五问法:通过连续五问,层层揭开问题的本质,抓住本质,解决问题。

聚焦目标

❶ 舍弃与你目标无关的事情。选择性地放弃与我们目标无关的事情,把更多时间和精力花在重要的事情上面。

❷ 节省日常琐事的决策时间。一些无关紧要的小事的决策,比如穿搭选择、饮食选择、出行选择等,提前为自己分析好你的选择逻辑,此后就完全不要浪费时间和精力在这些小事上。

❸ 舍弃生活中乱七八糟的浮躁表象,探究本质,就能更快得到我们想要的结果。

放大优势

❶ 你喜欢什么？如果你对一件事情特别喜欢，会有无穷的潜力来做它。

❷ 你擅长什么？在擅长的领域我们往往有更多的优势和动力。

❸ 你在什么方面花钱和花时间最多？现在的你是之前的你通过时间塑造的，你花时间和花钱所学的东西和掌握的知识，都是你的优势所在。

量变积累

❶ 确定一个你要坚持的目标，并将它拆解，使其具体化甚至量化。

❷ 设置一个每天要做的最低量，任何一天的中断都有可能让你放弃整个目标。

❸ 给你的坚持定一个期限，把长远的坚持目标分为阶段性的小目标。

❹ 在坚持的过程中寻找正反馈，学会自我激励。坚持的过程是枯燥的，要做到自律需要寻找过程中的正反馈，激励自己不断坚持下去。

提炼精华

❶ 在积累量的过程中不断汲取，你才能把一件事变成你的核心优势。

❷ 质变的过程不是单纯的数量堆积或重复的机械动作，而是阶梯式的提升。

❸ 职场上真正的高手会提炼方法、汲取精华作为自己的内在体系。

二八定律：向上生长的关键秘诀

很多人喜欢在新年伊始列愿望清单。

比如读100本书、看100部电影、去10个地方旅行等，然后一个个打钩。但一年要完成200多个目标，意味着1~2天我们就要完成一个，一年结束后会发现，把所有愿望都实现，是件非常不靠谱的事情。

列计划固然很重要，它能帮助我们对未来有一个规划和目标，但是不能贪多，我一年只定三个计划。

我要做的事很多，也能列出几十个计划，但我评估考量、排列优先级后，只列这一年我必须完成的三个计划。然后，我这一年都会聚焦在这三件事中，帮助我达成目标。

19世纪末20世纪初，著名的意大利经济学家帕列托总结出一个经济现象原则：二八原则，即在任何一组东西中，最重要的只占其中一小部分，约20%，其余80%尽管是多数，却是次要的。

他作为一个经济学家，曾经通过调查取样和统计分析，偶然发现英国人各阶级的财富收入和资产占有竟呈现出这样的现象：约80%的财富归属于约20%的人。他认为很奇特，便又去研究了其他几个国家的财富收入占比。竟然还是微妙地呈现出类似的占比关系。

二八原则，虽然它看起来极其"不平衡"，但在生活中，各种场景却不断印证它是正确的。

世界上约80%的财富，都掌握在约20%的人手中。

世界上约80%的资源，正被约20%的人所消耗。

工作中约20%的时间，处理掉了约80%的事情。

当你关注的东西越多，你就越会对目标产生错乱的感觉。

所以，我们只需要聚焦在最重要的地方，抓住每一件事的重点。

第一，拆解你的目标，并找到关键因素，这就是你的20%。

做成一件事可能有100个因素，但很多时候你成功不是因为你做对了100件事，而是因为做对了最关键的一件事，最直接的因素对你的成败有着关键性影响。

所以在做一件事之前，你要先拆解你的目标，把它分为若干个影响因素，从中挑选出最关键的一个或几个因素。

以做PPT为例，完成一套PPT，需要选好模板，搭好框架，输入文字，添加图片以及设计动画。但一个PPT最关键的就是框架和文字，做好这些PPT也基本完成了，至于其他内容就是对于报告呈现效果的优化。例如用以下表格，记录和拆解你的目标。

表2-1 拆解目标表—完成PPT工作

自测：如何拆解你的目标，并找到关键因素？			
你想达成的目标	相关的客观因素	相关的主观因素	最关键因素
例：做一套工作PPT	模板、框架、文字、图片、动画	你制作PPT的能力	框架、文字

根据上面的例子，现在不妨拆解你的目标，并找到最关键因素。

表2-2 拆解目标

自测：如何拆解你的目标，并找到关键因素？			
你想达成的目标	相关的客观因素	相关的主观因素	最关键因素

第二，在关键因素上花费时间和精力，做好最重要的20%。

在确定好达成目标的关键因素后，把时间和精力重点放在这些事情上。尽你最大努力先把这些事做到最好，这利于你更快、更直接地触达想完成的目标。

比如我在工作过程中，会观察那些拼命加班的同事，我发现他们做了十件事情，但可能只有一件或几件事情和结果相关。

我心里暗暗地想，按照二八原则，那是不是理论上来说，我只需要做其中两件事就足够了？于是，每一份工作，我都会先完成最关键的两件事，然后通过领导和同事的反馈来验证自己有没有抓对重点。

在行动的过程中，尤其对关键的季度节点，我会和领导细致对比彼此的OKR（目标与关键成果法），看关键目标是否能符合领导的预期，并且在执行中，每周会回顾自己的OKR，确保自己不会跑偏。再之后，就是和团队开会，确保及时传达团队本季度的关键目标和达成期限，每周、每月检查进度，以按期完成最重要的目标；同时和团队成员表示，要时刻回顾目标情况，确保大家的工作是在完成关键的目标。

于是我真正理解了二八法适用于所有的事情。我人生里所有的时刻，无论是创作内容、管理团队，抑或是投资理财、结交朋友，我永远相信并贯彻二八法则。你应该让火的东西更火，你应该让爆款更爆，你应该去维系一些能给你带来更多意义和价值的人，你应该把精力集中在少数人身上。

将二八原则作为你的底层思维，你就能抓住很多问题的重点。

特斯拉创始人埃隆·马斯克每天七点开始工作，他必须花半小时回复重要邮件，这利于他了解其他人的工作和进程，过滤掉不重要的事情。

他曾受邀出席南加州大学的毕业典礼，并在发言中提到："要专注于信号而不是噪音，不要把时间浪费在那些不能让事情变得更好的事情上。"和他所讲的一样，马斯克会先找到每天最重要的工作，并优先完成它们。如果能在20%的时间里完成最重要的任务，再完成其他的事情时就不会那么紧张了。

聚焦问题核心，用心去找到那20%重要的事情，把精力和时间放在最重要的事情上面，这样更容易达成目标，解决问题。因为决定事情成败的，往往是最重要的20%。

本节总结

1. 分析最能达成目标的关键因素，这就是你的20%。做成一件事可能有100个因素，但很多时候你成功不是因为你做对了100件事，而是因为做对了最关键的一件事，最直接的因素对你的成败有着关键性影响。

2. 在关键因素上花费时间和精力，做好最重要的20%。在确定好达成目标的关键因素后,把时间和精力重点放在这些事情上。尽你最大努力先把这些事做到最好,这利于你更快、更直接地触达想完成的目标。

丰田五问：深度思维，直击本质

兔子是团队管理者，在一次和客户的会议中，她一边和客户沟通一边用在线文档记录纪要，会议一结束，她就立马导出文档发给客户。

新同事好奇她是怎么做到的："我们以前记会议记录都是听到什么记什么，然后再整理文字稿，开完会最快半小时才能发给客户。"

兔子笑了笑："我其实也不知道每次会议具体会聊什么，但我知道会议是和谁开的。如果会议是为客户开的，那我会思考客户最在意什么，在会议过程中我会记录关键词要点，听了两分钟后根据双方沟通的内容，就可以列出框架：问题描述、方向建议、ToDo方案等。然后边听边往框架里填充内容，与主题相关的内容列出关键词，不相关的延展内容可以打括号写一个案例参考但无需扩充，这样，会议结束后就能直接形成一份较为完整的会议纪要。"

很多人记录会议纪要都会像这位新同事一样，听到什么记什么，以为内容很完整，实际上信息过于冗杂。无论是一份会议纪要还是一份策划报告，领导需要看的都是最核心、关键的内容，这就要求你在繁杂的信息中学会提炼重点，抓到问题的本质。

什么是本质？本质是指事物本身所固有的根本属性。本质可以使我们脱离具体的表象看清事物原本的样子。

好莱坞经典电影《教父》里有一句话，我印象很深："花半秒钟就看透事物本质的人，和花一辈子看不清事物本质的人，注定是截然不同的命运。"

聪明人和非聪明人之间的距离也不是智力的差异，而是能不能找到事物本质的差异。

能看清事物本质注定是一项稀缺的能力，而具有这项潜质的人，可以较快发现事物本质从而解决问题。

如何培养抓本质的能力？

第一，培养深度思考的习惯。

深度思考可以探寻到事物规律和抓住本质。

我认识很多优秀的人，他们通常都会有一个连他们自己都忽视的优点。我曾一直好奇他们如何年纪轻轻就事业有成，他们会说自己勤奋、聪明、幸运，但或许连他们自己都没有意识到，他们常年保持着深度思考的习惯。同一个问题，由于思考的深度不同，他们所看到的因素和信息要比一般人更多，因而他们的选择和决策往往能抓住问题的本质，这也决定了他们的成功。

大部分人在遇到问题时，没有看清楚、没有想清楚就去做，导致获取的信息过于片面化，思考的因素太少。总是先做，再发现问题，又重新开始思考，周而复始，他们与优秀的人之间的差距也越来越大。所以这就是为什么同一件事，有些人觉得容易，有些人却觉得很难。因为会思考的人会直接解决关键问题，不会思考的人在不断解决没必要的麻烦。

不妨现在自测一下遇到问题时你是否有深度思考的习惯。

表2-3　自测表—是否有深度思考的习惯

自测：遇到问题时你是否有深度思考的习惯？	
问题	回答
遇到问题时你是先行动还是先思考？	
你通常会在一个问题上花多少时间思考？	
你在得出结论时是清晰明确的还是一知半解的？	

第二，用丰田五问法，连续问五个"为什么"，找到核心问题，发现事物本质。

丰田公司的前副社长大野耐一，总喜欢下一线去观察工人工作的情况和车间的情况。有一次，他发现有一个机器总是没有理由地停转，曾经也修理过很多回，但总是不奏效。于是，他便找来负责这台机器的工人，并向他发问：

问题一：为什么这台机器会停转？

答：因为机器超载，负荷过重，保险丝烧断了。

问题二：为什么机器会超载，负荷过重？

答：因为轴承的润滑不足。

问题三：为什么轴承的润滑不足？

答：因为润滑泵失灵，抽油不正常。

问题四：为什么抽油不正常？

答：因为其轮轴磨损了。

问题五：为什么轮轴会磨损？

答：空气中有铁屑及其他杂质跑到里面去了。

经过连续五问，大野耐一帮助工人找到了机器停转的本质问题和根本原因。最终选择在润滑泵上加装过滤装置，解决了这个问题。

大野耐一用连续五个"为什么"找到了根本原因，这也被称为著名的"丰田五问法"，通过连续五问，层层揭开问题的本质，抓住本质，解决问题。

所以，利用丰田的五问法，连续多问几次为什么。学到这个方法后，我把它应用到我的工作生活中，从而解决问题。

有一次我妈让我帮她找一只锤子，可我找了好久都找不到，于是发生了以下对话：

我："妈，你要锤子干吗啊？"

妈："钉钉子呀。"

我："你早说要钉钉子呀，那我给你找块板砖都行，话说你为什么要钉钉子？"

妈："往墙上挂画呀。"

我："挂画也不一定用钉子，买个粘钩的事，你为什么想起挂画了？"

妈："我就是看这个地儿有点空，寻思放点什么装饰一下……"

我："妈，我这儿有海报，贴上去就完事儿了。"

其实，拿锤子只是这件事的表象，而本质是我的母亲觉得墙壁太空想做些装饰。

如果只从现象入手，那我就只能费劲地找到锤子或板砖，给墙上戳俩钉子挂个画；而当我一次次问到了本质的时候，发现有很多方法可供我选择：给墙壁涂鸦，贴一张海报，或者用强力黏土粘画等都可以解决墙上太空想加些装饰的问题。

所以，面对问题时不要总停留在一眼能望见的表象就着手去做，多问几个"为什么"，问一个问题比解决一个没必要的麻烦花费的时间要少得多。随着问题的深入会不断接近事物的本质，更快地解决根本问题。

本节总结

1. 培养深度思考的习惯：深度思考可以探寻到事物规律，抓住本质，会思考的人会直接解决关键问题，不会思考的人只会不断解决没必要的麻烦。

2. 遇到问题时，用丰田五问法：通过连续五问，层层揭开问题的本质，抓住本质，解决问题。

聚焦目标：高效能人士的共同特性

刚做视频号的时候，我要求团队的人建立爆款选题库。后来，我发现选题库的东西越来越多，还有很多选题对应的视频数据非常一般。

我问他们，为什么要把数据很一般的选题也放进来？他们给我的回复是：虽然这些选题的数据不好，但他们感觉是一个好选题，之后有可能会成为爆款。

我说："我们只发爆款选题，不是爆款的视频一律不发。"

平时在开选题会的时候，很多人都会说，这个选题很有深度，这个选题很契合大众……但统统都被我拒绝了，只有一个原因——这个选题不火，或者是准确地来说，没有火过。

我们在面临所经历的多数问题时，都会发现，相关事件已经不那么纯粹了，各种外在干扰因素都让我们的重点不再是重点。

我们的精力是有限的，我们需要抓住重点，然后将所有精力放在上面，其他对目标不利的事情都需要立刻舍弃。

舍弃，从字面意思来说，指选择性地放弃。人的精力是有限的，无法做到面面俱到。

对任何人来说，最重要的都是找到影响和决定人生发展的关键因素，然后选择性地放弃与我们目标无关的事情和影响你做决策的无关时间，这样反而更有收获。

第一，舍弃与你目标无关的事情。

每天睡醒我都会有特别多乱七八糟、各种各样的想法，这种想法太多会导致大脑的逻辑混乱。所以我会舍弃一部分对我短期没有意义、只会增加我思想负担的想法，把它们全部给砍掉。

然后，我再把剩下的有意义的想法梳理清楚，把这些信息、想法总结成方法论。如果不能系统地跟别人聊清楚我对这个行业的认知，那说明我对这个事的认识还不够深入，所以这一步我一定会先系统输入和输出。

当我们梳理这些有意义的想法时，会产生很多计划。纵然我有很多想法计划，但是精力有限，我只选择我当下能够立即行动的事，舍弃那些无关于当下目标的事情。

就像前文提到的巴菲特对飞行员麦克讲述的人生建议：如果你有25个目标，要集中精力完成最重要的那5个，剩下的20个则不再花任何时间和精力在上面。

人的精力是有限的，当我们不去做那些本身不重要的事情，就可以省出大量的精力和时间。

很多人都把时间放在无意义的事情上面，所以花了80%的时间，最后却只达到20%的效果。

想完成所有事情的时候，很可能我们一件事也没完成。

在《高效能人士的七个习惯》中，柯维强调："要事的判断标准是这件事情是否能让你个人生活、工作局面彻底改观。"如果是，那就是你的要事，你可以根据这些要事去制定你的目标，这些要事就值得你花大量精力去做，而舍弃与你目标无关的事情。

敢于舍弃，直击重点，静下心来问自己哪些目标必须实现？写下自己的10个目标，用1分钟的时间，删掉其中的9个，并牢记剩下的1个。

如果你不能下定决心舍弃那些不重要的事情，那就问自己：这件事当下能否给你带来效益？能带来多大的效益？如果不做这件事情，会给你带来什么负面影响？如果这件事推到两个月后再做，会对你的生活和工作带来什么改变？

第二，节省日常琐事的决策时间。

生活中有很多小事情会牵扯你的精力，不知不觉，你的时间和精力就被占据了。

比如上班前纠结穿什么衣服，点外卖到底选哪家等，这些小事情上的纠结无意中占据了我们不少的时间。

一些获得了很高成就的人，他们都会把时间放在重要的事情上，而对于那些不重要、没有太多意义的事情，往往不会分配太多时间。

接下来，你可以节省日常琐事的决策时间。

（一）节省穿搭选择的时间

我之前每天早上起来都要烦恼穿什么衣服，导致早上刚到公司就很累，于是我花了时间把一些衣服搭配好摆在衣柜里，每次就直接拿出来穿，不再去临时搭配衣服，减少自己在衣服穿搭上的决策成本，减少这些不重要事情的时间，把时间和精力花在重要的事情上。

新东方创始人俞敏洪老师，每次出去演讲和做讲座，都是穿着一种类型的牛仔裤；再比如扎克伯格在演讲时，一直都是穿着同一类的T恤。他们的共性就是不会纠结于这些无关目标的小事。

节省"纠结穿什么衣服"的时间，把更多时间和精力花在重要的事情上面：

1. 先整理你的衣柜。

你可以专门抽一天周末的时间，重新梳理你衣柜里的服饰。一般衣柜有两层，一层是放置的，一层是可以悬挂的。在换季时，你可以把你要穿的当季衣服拿出来，放置在衣柜中。

2. 思考你所有穿衣服的场景，并且做好搭配。

根据使用场景，在放置层分类出你的衣服，如按照职业正式的服装、休闲服装、运动服装等分类好。

根据服饰种类可分为外套、内衣等。

根据分类，在同一使用场景，按照自己的喜好统一搭配好，悬挂在你的衣柜中。

当你完成整理后，这些特定应用场景的固定搭配就可以灵活使用，不需要每次匆匆忙忙地临时搭配了，这样你就可以省下纠结搭配的时间。

3. 买衣服时可以买套装，成套买。

套装在一定程度上已经帮你搭配好衣服了，不用你再过多去纠结搭配。根据不同使用场景，有各种不同的套装，如职业装（有很多种类和颜色款式）、运动装（按运动种类，分为跑步类套装、足球套装等）。

套装的益处就是已经帮你搭配好，可直接穿着。

做好了这些准备，每天起床之后就不会因为不知道穿什么而感到慌乱，减少了迟到的可能性，也给一整天的工作提供一个更好的心情和状态。

（二）节省饮食选择的时间

你是否经常为"今天中午吃什么"而烦恼？为点什么外卖而

纠结？为去哪家餐馆而选择困难？

我之前就经常为这些事情烦恼，经常打开外卖软件，一选就是半个多小时，一直在纠结吃什么，不知不觉，时间就被浪费了。所以我深刻反思，我根本没有必要在这上面花费太多时间。

在饮食选择上，我会根据不同的场景，有目标地提前规划自己的饮食。

1.线下选择餐馆就餐时，我会根据需求，按目标筛选。

当我选择饮食时，我会确定今天要吃什么种类的饮食，如选择快餐便当还是选择粥食面点等。我一般选会选择吃快餐，然后筛选出几家快餐店，前期都会去尝试，然后筛选出一到两家好吃、价格也较实惠的快餐店，有目标后，就不会再盲目地选择和纠结了，在限定的范围内，直接做出选择。

2.点外卖时，我提前计划。

点外卖时，也是一样，一定先确定好你的目标饮食和喜好，限定你的选择范围，做好提前计划。如在你工作时，就可以提前想吃哪一类的，在点外卖时，直接在这一类的饮食中做出选择。

遇到好吃的店吃着还不错，就收藏下来，当你"饭荒"时，不妨点开自己的收藏夹，直接点餐。

3.在家做饭时，根据食量和喜好买菜。

一般周末放假，我会选择在家做饭，根据自己周末两天的食量以及自己的喜好，选择食材进行烹饪。

自己做饭,当你完成后享受美食时,还会有成就感。

在此之后,经历过纠结的我,就果断避免了这些纠结犹豫,提前想好当天想要吃什么,提前去定一些习惯,目标明确,就不会在这上面浪费过多的时间了。

(三)节省出行选择的时间

先根据自己的习惯来分析各种交通工具的利弊。

远程出行时,我们该如何选择交通工具?

如果你的路途较远,可以选择飞机出行,有出行计划后,提前预订出行当天的机票,一般提前一个月左右的时间预订,会比较优惠。

当你路途不算太远,也不近时,可以对比进出站时间、等待时间等因素,来考虑选择交通工具。如果高铁与飞机所花的时间差不多时,建议选择高铁。飞机出行时,如果算上接送机以及候机时间,所花时间可能还会多于高铁。

路程较短时,我们通常会选择高铁出行,无论从价格还是时间来看高铁都是合适的选择。如果临近出行或者特殊时期买不到票,也可以考虑长途巴士和出租车等出行方式,但相应的舒适感和价格也会不尽如人意,所以远程出行时需要尽早做好选择。

你可以通过比较下表中不同交通工具的优劣势,去更好地选择合适的出行方式:

表2-4 长途交通工具优劣对比

交通工具的优劣对比——长途		
交通工具	优势	劣势
飞机	速度快	价格高；受天气影响大
高铁/火车	速度较快；价格较低；受天气影响小	特殊时期购票难；超长途舒适感差
轮船	价格低；沿途风景好	速度慢；有地理条件限制

同样，在同城出行时，比如上班途中，也建议大家有意识地在出行中利用碎片时间，而有时，我们往往会临时纠结在这个通行的时间里我们做什么，而浪费了这些时间，所以我们一样要避免纠结，提前做好计划，养成一些习惯。

我的一个朋友，就在出行选择上有较深的理解并提前思考了出行计划和出行安排，节省了选择成本和决策时间。她曾对此做了深度思考，发表了一个朋友圈：

今天总结了下日常出行方式选择及考量维度。

为什么做这个东西？节能。节省脑力和选择成本，不思考非必要问题。

基本原则：首先以五官可用情况为主要评判标准，其次看耗时情况和自身精力状况。

1.地铁：非高峰时间的最优选择，五官全部为可用状态，可以看书、写东西。

2.出租车：耳朵、手、嘴可以用，但自己晕车较为严重，不能看东西，仅用于地铁不方便时代步，或者需要休息/和人电话沟通的场景。

3.自驾：仅耳朵可以用，且极度消耗精力，仅在交通极度不方便且停车方便时选择，或者用于要带人/带很多东西的场景。

4.公交车：除了完美匹配路线的情况基本不考虑，和上面比没有任何优势。

5.自行车：基本不考虑，极度消耗精力且没有任何优势，想锻炼另当别论。

如果是和别人同行，以公共路线最大化为标准。

和上面相同，你可以根据交通工具的优劣势，减少选择的时间：

表2-5　同城交通工具优劣对比

交通工具的优劣对比——同城		
交通工具	优势	劣势
地铁	速度快；价格低	早晚高峰人多拥挤
出租车	速度快；出行便捷	价格高；部分城市等待时间长
自驾	速度快；出行便捷	停车难
公交车	价格低	站点停靠耗时较长；线路固定，机动性差
自行车	价格低；路程近	体力消耗大

提前思考好交通工具的特点和不同情况下的出行需求，能让你在出行时减少犹豫的时间，同时也能节省你每天在路上花费的

时间和经济成本。

无论是穿搭、饮食还是出行方式上的分析与准备，本质上都是为了总结出一套你的选择逻辑，在面临选择时就不用浪费时间和精力在这些小事上。

你知道米开朗琪罗吗？

他是意大利文艺复兴时期杰出的画家，同时也是一位雕塑家，最有名的作品就是《大卫》，是用石头纯手工一点点雕刻出来的。《大卫》堪称艺术的奇迹，尤其是在那个年代，不用电脑不用扫描，直接用石头雕刻出一个大卫，毫无瑕疵，是非常厉害的事情。

有人好奇地问他，是怎么雕刻出《大卫》的？米开朗琪罗就说了一句话："我只是把他从石头里拯救出来而已。"

舍弃生活中乱七八糟的浮躁表象，探究本质，就能更快得到我们想要的结果。

生活里会遇到很多纠结和选择，我们要学会归纳与梳理，果断放弃不重要的因素，减少不必要的思考时间，抛开复杂的表象，才能更快做出正确的决策。

本节总结

1. 舍弃与你目标无关的事情。选择性地放弃与我们目标无关的事情，把更多时间和精力花在重要的事情上面。

2.节省日常琐事的决策时间。一些无关紧要的小事的决策，比如穿搭选择、饮食选择、出行选择等，提前为自己分析好选择逻辑，此后就完全不要浪费时间和精力在这些小事上。

3.舍弃生活中乱七八糟的浮躁表象，探究本质，就能更快得到我们想要的结果。

放大优势：寻找定位聚焦于长板

我爸最大的优势是开车，他开了几十年的大卡车，但现在特别不想再做和开车有关的事，不愿意用开车来挣钱，他觉得太累了，也开腻了。其实我爸，就不懂得用优势去赚钱，他明明可以通过开车一天挣个五六百，但他偏偏选择做那挣一二百块的其他事情。

我曾经和我爸说："你应该用你的优势去赚钱，去放大你的优势。你的优势是开车，你花了大半辈子培养这个技能，怎么能说扔就扔呢？你会开车，可以把这项技能迁移啊。你不想自己开了，可以教别人开，可以去驾校应聘，培训学员，这不仅对你来说很轻松，而且还能挣到更多的钱。"

所以，人生要不断放大优势，靠优势赚钱。

如果你发现一件事情对你有用，能给你持续带来增长，一定要坚持去做，不断放大优势。靠优势，你不仅比别人效率高，还比别人轻松。何乐而不为呢？

管理大师彼得·德鲁克说过："一个人要有所作为，只能靠发挥自己的优势。"

千万不要小看优势的力量和你利用优势所掌握的赚钱技能。英语学得不错，你可以当英语老师、翻译，甚至创业。俞敏洪老师利用英语的优势创造了当年的教育神话新东方；丁磊因为热爱计算机，看书自学，创办了网易；扎克伯格中学时期就热爱编程会写程序，还曾被夸为神童，后来缔造了Facebook。

但是很多人找不到那些能让你赚钱的优势点。找寻你的优势主要看三点：你喜欢什么、你擅长什么、你在什么方面花的钱和时间最多。

第一，思考你喜欢什么。

如果你对一件事情特别喜欢，你会有无穷的潜力来做它。

我有一个喜欢搞乐队朋友，乐队是理想，工作是现实，他每天工作加班到12点回到家也还会唱歌，还会坚持写曲子，周末会经常出去听音乐节，或者去一个酒吧听歌，为喜欢的事情做点什么。后来他发现有些节目或活动需要招募驻唱，于是他主动留下联系方式参加了一些活动，渐渐地变成有很多主办方邀请他，他现在已经成了一个颇有名气的DJ，一场晚会能赚一两万块钱，一个月能接好几场，靠他的优势挣到了钱，也养活了自己。

第二，思考你擅长什么。

我最早的内容启蒙是在中学阶段。那时候还没有微信，大家都流行玩QQ空间，我在初中写过一篇文章叫《××中学风云人物榜》。因为当时看了金庸的小说，我发现里面的人物都有排行，于是我模仿做了一个各个中学"老大"排行榜，毕竟大家青春年少都喜欢看这些。当时我还留了一手，我的排行里没有写第一名，而是并列了两个第二。

恰恰因为这一点，大家反响很不错，都在讨论到底谁才是第一名。这个榜单在QQ空间非常热门，好多老师、同学甚至毕业几年的学长学姐都在看，空间阅读量10万+。这是我第一次觉得自己有传播的能力。

第二次感受到内容的魅力，则是做了学校贴吧的吧主。那几年贴吧非常火，我当时研究了贴吧的政策，思考我需要怎么发帖才能快速涨积分，再用足够的积分申请吧主，如此一来，很快我就成了吧主。

后来，我又把自己写帖子的能力迁移到了公众号、简书等平台，开始写成篇的爆款文章，享受到公众号爆发式增长的红利。

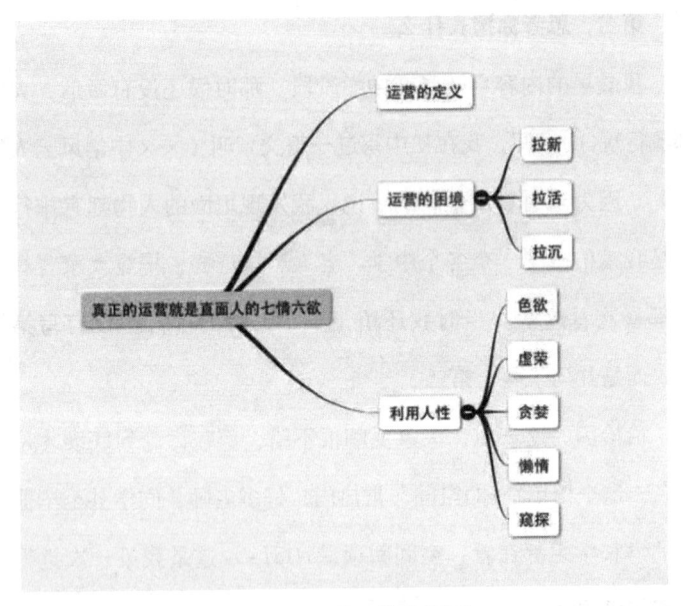

```
                    ┌─ 运营的定义
                    │
                    │           ┌─ 拉新
                    ├─ 运营的困境 ├─ 拉活
真正的运营就是直面人的七情六欲    └─ 拉沉
                    │
                    │           ┌─ 色欲
                    │           ├─ 虚荣
                    └─ 利用人性 ─┼─ 贪婪
                                ├─ 懒惰
                                └─ 窥探
```

图2-1　运营思维分析图

再后来，我进入短视频赛道，因为文字是短视频的一个重要组成部分，所以我有把握可以把原有的优势迁移到新赛道里。事实是，我在腾讯做了短视频后，发现我的优势确实在慢慢迁移，我在这个行业也能拥有了一些成就和地位。

我很幸运，在很早的时候就发现了自己擅长什么，然后永远在最好的赛道里，保持增长。

第三，思考你在什么方面花钱和花时间最多。

你曾大量付出时间和金钱的事情，你一定会对它更加了解。

比如我经常出差，常常需要住酒店，住得久了就开始研究酒店的会员体系。后来我发现一件事：原来每晚入住都有积分，而且很多酒店年初时都有双倍积分活动。基本上，如果参加得上，就可以住4晚，免费送1晚。住得多一些，将会员升到了白金级别，还能获得酒店提供的免费早饭、下午茶、晚餐、酒等等，甚至免费升级套房。最后算下来，我花了快捷酒店的价格，住上了五星级酒店的套房。而这些都是我个人花钱得来的实践经验。

现在的你是之前的你通过时间塑造的，你花时间和花钱所学的东西和掌握的知识，都是你的优势所在。

大能是一个专业的制表师，西瓜视频独家创作人，千万粉丝博主。他从小就受到父亲的影响，在中学时期就开始接触手表工艺，且对其产生了极大的兴趣，对于细致的表盘，他玩得出神入化。他从小就开始研究这门技艺，不断花时间打磨和修炼这项技能，学有所成后在钟表的垂直网站上发布展示作品以及接手表制作单，靠这项技能逐步挣钱。

在2020年5月，大能强势入驻短视频平台，一个月涨了几百万粉丝，塑造了一个专业制表工匠和生活玩家的形象，内容有趣生动，既专业地展现了制表技术，也通过制作很多与制表相关的有趣有料的内容，还曾经被央视新闻邀请分享"一年里从制表匠人跨越为视频自媒体的成长路程"。

大能一路过来，从小花时间花钱去学习积累制表技术，通过他的制表技术优势，从一个制表工匠发展到千万粉丝自媒体，不断给他带来名誉和财富。

本节总结

1. 你喜欢什么？如果你对一件事情特别喜欢，会有无穷的潜力来做它。
2. 你擅长什么？在擅长的领域我们往往有更多的优势和动力。
3. 你在什么方面花钱和花时间最多？现在的你是之前的你通过时间塑造的，你花时间和花钱所学的东西和掌握的知识，都是你的优势所在。

量变积累：坚持对抗人性的弱点

有一天，我发朋友圈说我今年又写了五本书。

评论里全都是在恭喜和祝贺新书大卖，有评论说，真不可思议，在北京互联网公司"996"的快节奏下，自己憋都憋不出一本书，而你还能一年写几本书。

前面我们谈了互动式写作等提高效率的方法，这里不再赘述。我想聊的是，其实很多时候，量变会引起质变，你能不能赢的关键还在于你会不会坚持到底。

村上春树曾说过："无论何等微不足道的举动，只要日日坚持，从中总会产生某些类似观念的东西来。"

坚持做一件事，本质上是一种量变的积累。每天的坚持可能带来的只是细微的量变，但长期坚持下来，量变必定会引起质变。

格拉德威尔在《异类》中提出了"一万小时定律"：不管你做什么事情，只要坚持一万小时，基本上都可以成为该领域的专家。"人们眼中的天才之所以卓越非凡，并非天资超人一等，而是付出了持续不断的努力。"

系统更新时会出现进度条，告诉用户，你每一刻的等待都是值得的。但在现实生活中，我们并没有进度条，我们永远也无法知道自己的坚持是否有效，因此容易放弃。很多所谓努力却没有结果的人，往往是因为停留在了途中。

叶兆言先生在面对郭慕清采访时，曾说过一句话："才华不重要，最重要的是你能不能熬到100万字。"他说自己就像运动员一样，始终处在赛季中，文坛上很多作家已经停笔时，他始终在坚持写作。"如果一个人一天写500字，一年能写多少？我好像没达到这个水平。作为一个职业作家，我觉得自己写得不算多，虽然我已经写了整整30年了。"

我以前听到这句话，像是找到了遗失多年的那把钥匙，改变了我的做事方法。

100万字，有些人听到会感到很不可思议，但对于厉害的人来说，每天写一万字，三个多月就完成了。就如作家饶雪漫，一天一万字，十天就写出一本书。

作家富豪榜排名第一的唐家三少，风雨无阻，日更1.2万字，并且每本小说都是爆款，受到无数狂热粉丝的喜爱。有次唐家三少直播写小说，十分钟就写了1200字！

我在2017年实习的时候，两天只能挤出一篇2000字的稿子，后来半个多月能写出50篇。怎么练的呢？熬，使劲熬，坚持熬。那大半个月，我过得很痛苦，晚上待在公司写不出文字，回到青旅又没有灵感，我恨不得扇自己几个耳光，因为我没有退路，我必须坚持写作，必须积累写作功底，所以我逼自己平均每天要产出3~4篇稿件。最开始我一天写一篇，等到第三天的时候，我已经可以每天写出4篇了，第二周我每天就能写5篇甚至6篇。可能你会疑惑，如果这样，会不会就跟没有感情的打字机一样写出来的稿子都不能看？不会的，我的稿子篇篇质量优异，百万阅读量，甚至有很多文章被《人民日报》等官媒转载。

写作就跟跑步一样。长跑10公里难吗？那50公里呢？男子50公里竞走的世界纪录是3小时32分33秒，由来自法国的迪尼兹创造。他也是通过从10公里、20公里、50公里不断挑战自己，最终创下世界纪录。

所以我一年写五本书，平均两个半月写好一本书，本质上是因为我前期写得够多，之后才可能会更快。大家都知道，出书需要签约、排版、审稿、校对、印刷等一系列流程。这意味着在保证质量的情况下，我最多只有一个半月的时间写完一本。

所以，在很多事情中，我们以为是质量出了问题，其实本质上是数量不达标。如果你不知道如何提升质量，那就先把数量当成一个目标，加量，加时，先逼自己完成原始积累。

第一，确定一个你要坚持的目标。

你要先明确你的目标，然后把你的目标拆解和具体化，最好能够用数字量化。

比如，学英语的目标可以拆解出"坚持背单词"的子目标，在开始前想清楚背单词的方法、需要用的软件、自我奖惩的措施，不要在坚持的过程中因为这些细节问题被打断。

同时要清楚每天坚持做的量。"坚持学英语"毫无意义，模糊的目标并不能真正引发你的斗志和毅力；"坚持20天每天学10个英语单词"才是一个具体的目标，能够让你清晰地看到你坚持的是什么，不至于在坚持过程中轻易放弃。

第二，设置一个每天要做的最低量。

在坚持的过程中，你可能会因为一些主客观因素感到困难，你可以放慢速度但不能停下来，因为一旦有一天你的坚持中断，很可能不会再重新开始。就像跑马拉松，在比赛过程中你可以因为体力不支放缓步伐，但如果你停下来休息了，就没有力气再跑下去了。

因此，当你要求自己每天坚持背20个单词但实在无法完成时，你要让自己至少背10个单词。

第三，给你的坚持定一个期限。

不要无期限地去坚持做一件事情，看不到头的日子会让你逐渐疲惫。尝试定一个合适的坚持时间，不用一两年，可能就是三五个月，先养成坚持的习惯，再不断延长坚持的时间。

当你想长时间坚持做一件事时，你可以把它分解为很多个小的阶段。当某一个阶段坚持下来后再进入下一阶段，一个阶段的完成与新阶段的开始都会为你的坚持提供动力。

这个期限也是一段验证的时间，如果看不到正反馈，你可以选择放弃或者调整策略。

第四，在坚持的过程中寻找正反馈，学会自我激励。

如果你想长期坚持做一件事，要么不断从中获取正反馈，要么用其他方式给予自己奖励。

举个例子，为什么很多人难以自律？因为人天性懒惰，你对自律的理解可能只有"痛苦的坚持"，而没有及时的反馈和回报。

我有个朋友，一度因为肥胖而苦恼，最近通过坚持健身，瘦下来了，还顺带练成了八块腹肌。我就非常好奇他是怎么做到如此自律的。他说："哪儿有什么自律啊，我每次健身完，会在朋友圈发一些自己健身的照片视频。刚开始我只是为了做记录，发了一段时间之后，后来有很多人给我的朋友圈健身动态点赞评论，甚至有一次我喜欢的女孩还给我评论'哇，好酷啊'，所以我才一直坚持下来了。"

正是因为每次健身完之后的分享能收到很多正反馈，感受到鼓励和支持，他才不断有动力坚持健身，逐步通过健身，锻炼了身体，成功减肥，还练成了腹肌，成为型男。

如果你在坚持的过程中无法直接获取正反馈，也可以用其他方式给予自己奖励。比如一个月没有中断坚持的任务，可以奖励自己吃一顿最爱的法餐，或是买一件喜欢很久的衣服。

不要小瞧坚持的力量，因为不是所有人都能做到的。

古希腊哲学家苏格拉底曾在课上给学生布置了一项再平常不过的任务——每个人把胳膊尽量往前甩，然后再尽量往后甩，每天坚持三百下。苏格拉底问是否能完成，学生们皆不以为然。

一星期后苏格拉底问有谁坚持下来，九成的学生骄傲地举起了手。

一个月后，苏格拉底再问，举起手的学生只剩下了一半。

一年过后，苏格拉底再次问起："谁把最简单的甩手坚持到现在了？"

这时只有一个人举起了手，他就是柏拉图，日后古希腊另一位伟大的哲学家。

本节总结

1. 确定一个你要坚持的目标，并将它拆解，使其具体化甚至量化。

2.设置一个每天要做的最低量,任何一天的中断都有可能让你放弃整个目标。

3.给你的坚持定一个期限,把长远的坚持目标分为阶段性的小目标。

4.在坚持的过程中寻找正反馈,学会自我激励。坚持的过程是枯燥的,要做到自律需要寻找过程中正反馈,激励自己不断坚持下去。

提炼精华：精进为一个厉害的人

光积累数量是不够的，如何突破瓶颈、提升质量才是关键。

在实习的那大半个月时间内，我虽写出50篇稿子，但这50篇都被毙了，原因是没法戳到用户痛点，大部分内容都是在"自嗨"。怎么办呢？我又在网上找了1000篇爆款文章，拆解结构，分析共同点，最后得出爆款是可以复制的结论。

我把写50篇稿子的过程称为积累。

我把拆解1000篇爆款文章的过程称为汲取。

积累+汲取=优秀，先有了积累，再有了汲取，你才能把一件事变成你的核心优势。

在我们积累一定的量之后，事物本质会随之发生改变，也就是我们常说的"质变"。质变的过程是量变的不断积累，但这种积累绝不是单纯的数量堆积，不是重复的机械动作，而是阶梯式的提升。每一次量变虽然微小，但也需要一定的技巧以突破困境。

我上高中时，遇到一个学霸，老师让他分享学习经验，他说自己只要前130分，后面20分直接不要。他平时有一本很厚很厚的习题册，全都是选择、填空和简答题，这三部分其实大多数同学都能拿高分，但很容易因为粗心而丢分。但要保证这130分都拿到，完全是个体力活，因为需要不断刷题。

所以这个学霸用了很不一样的方式，最初他做完选择、填空和简答题需要1.5小时，后来他通过大量练习，只需要1小时就能做完，然后再不断提升解题思路，寻找解题方法来提升正确率。等这130分完全拿到之后，他再去研究后面两道大题。

最后这位学霸去了剑桥大学深造，毕业后在华尔街跟金融打交道，有次他回国在北京转机时我去接他，他跟我说："只有先保证简单的数据不出错，然后才是逐步升级去攻克难题。"

他通过大量练习将1.5小时缩短到1小时，这个过程是积累。

不断寻找解题方法来提升正确率，这个过程就是汲取。

有个短视频从业者问我，应该怎么做出爆款短视频？我问他，你写过多少个脚本？深入解析过多少个爆款视频？他说自己刷到过很多爆款视频，也研究分析过，但自己就是跟爆款视频无缘。

他所谓的研究分析，就是把其他爆款视频内容的脚本，自己再还原写一遍，研究一下故事人物的逻辑和出镜演员的表情。

这其实是不够的，只是浅显的分析。还差一个步骤，才是我所说的汲取。找到足够多的案例，把脚本还原后，再看这些爆款视频的共同点。它们之间一定有某种联系，因为爆款内容的本质其实是复制。

在汲取爆款案例的时候，需要注意两点：

第一，找到足够多的爆款，只有当样本足够大的时候，我们才更容易发现爆款的秘密。如果只找十来个爆款案例，深度分析一番，我们怎么知道这是个爆款是不是巧合？

第二，分析爆款的时候，最关键的就是拆解它们，然后找到它们的共同点。比如爆款内容，无非就是"3大感情+4种情绪+2大群体"。

亲情、友情、爱情这三大感情；怀念、愧疚、暖心、愤怒这四种情绪；地域和年龄这两大群体。

在工作上也是一样，有的人能被称为"高手"，有的人只能被称为"老油条"，区别就在于高手会提炼方法、汲取精华作为自己的内在体系，而老油条只是随着时间的推移，日复一日地机械工作，凑工作量，混圈子。

本节总结

1.在积累量的过程中不断汲取，你才能把一件事变成你的核心优势。

2.质变的过程不是单纯的数量堆积或重复的机械动作,而是阶梯式的提升。

3.职场上真正的高手会提炼方法、汲取精华作为自己的内在体系。

1 0 · 倍 · 速 · 成 · 长

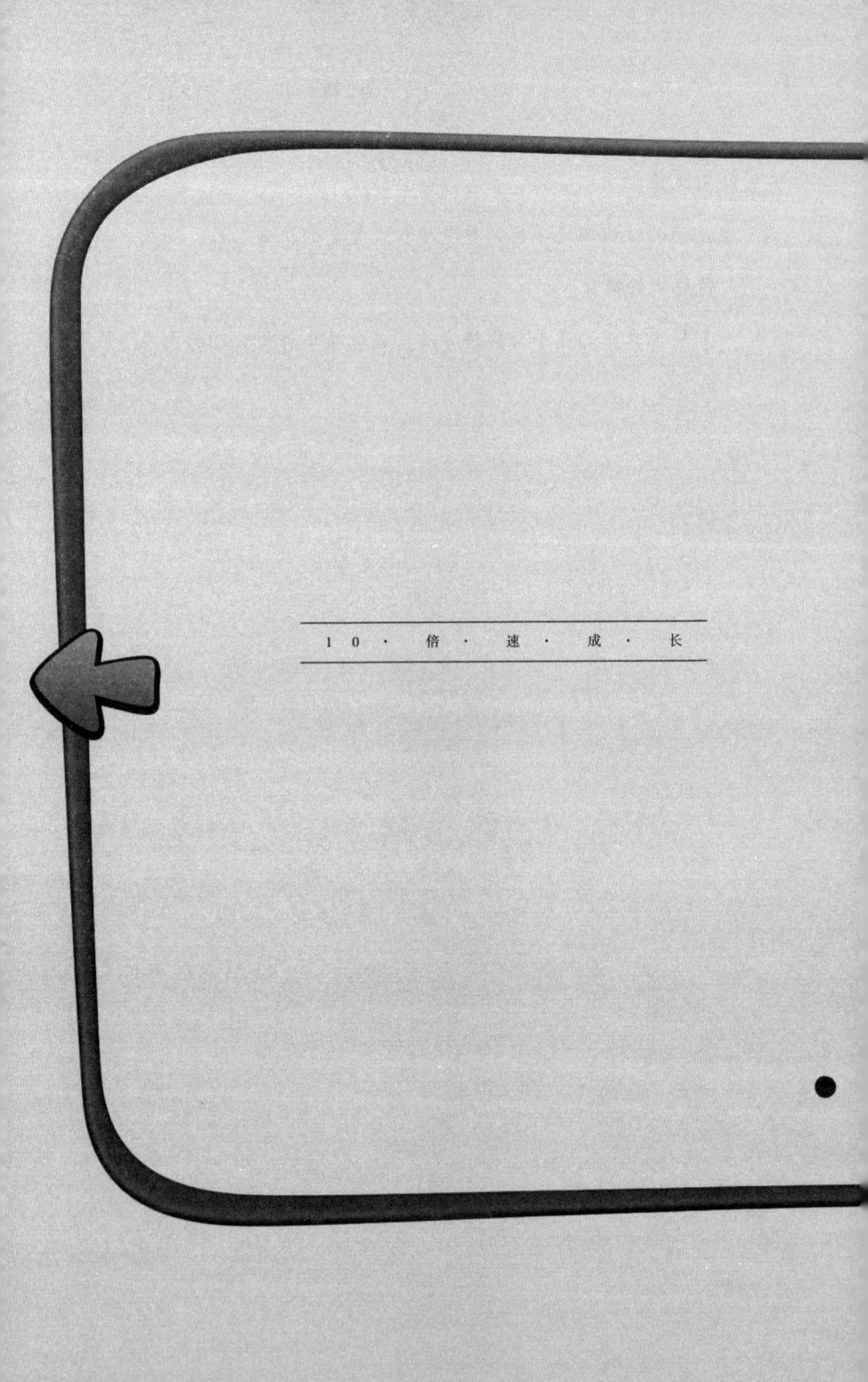

第三章
减少信息,搭建体系
CHAPTER 3

断舍离法

❶ 梳理并减少你的信息来源渠道。减少信息的输入,减少你的信息来源,减少使用手机的时间。

❷ 多阅读经典书籍。认可终身读书的理念,坚持阅读,让书籍成为你主要的、系统的信息来源渠道。

认知体系

❶ 分清楚什么是知识,什么是认知。认知和知识点不同,是指你对某件事的看法,你自己为人处事的一些原则,你做选择的判断逻辑。

❷ 主动、密集地输入想要的信息。我们需要自主学习,要从问题和目标出发,自己不断发问、不断思索这是为什么,那又是什么导致的。主动搜索信息,输入一些有效的、高质量的信息,然后思考、应用和再次创造。

❸ 主动输出结论,归纳总结。学会总结信息形成结论并进行输出,这样输入信息时才不会过载和焦虑。

操作系统

❶ 接受自己是普通人。放下所有的骄傲与成就,清晰意识到自己是个普通人,把自己从愚昧之巅赶下来,静下心来去找这个行业里最厉害的人学习底层逻辑,很快你就会得到一个更大的舞台。

❷ 学会写行动清单。当真正把要做的事情拆解成很多个具体的动作后,心里就不会再有负担,也不会困惑和拖延了。

❸ 刻意培养你的操作系统。痛苦的经历都是对我们意志力的磨炼,我们需要在磨砺中不断补足自己各方面的能力,形成强大的操作系统。

定期复盘

❶ 复盘第一步是记录：记录你遇到的人或事，以及对你现在及未来可能有用的信息。最重要的是要当下记录，用一个文档简要描述当下发生的事情，作为一个索引，每天入睡前根据自己记录的事情，对你一整天所发生的事情进行复盘。

❷ 分析总结你这一整天所发生的事情。可以记录：你做得好的地方，如何做得更好；做得不好的地方，如何改正；在其中学到了什么，总结了什么方法论。

❸ 尽可能对自己多提几个问题并思考解决方案。问题与有答案都很重要，通过对自己发问，一层一层剖析，给自己提供解决方案。

❹ 将你的复盘结果分享给身边同频的好友。当你撰写完当天的复盘，可以分享给同频的好友，在得到正反馈的同时还可以和他们产生更多、更深度的交流。

方法模型

❶ 找到足够多的成功案例，从这些案例中分析它们的共同点。复盘之后要回顾你的复盘内容并寻找有结果的成功案例，从结果中找出共性，从共性中梳理出做事的方法，形成你为人处事的系统SOP（标准操作流程）。

❷ 不断模仿这些成功案例，从成功中寻找下一次成功。找到足够多的成功案例，并不断模仿，从成功中寻找下一次成功。

断舍离法：减少不必要的信息输入

陈延有天跑来问我："我加入了很多付费社群，每天已经看了很多东西，但为什么没有成功？升职加薪的也不是我。"

我打断他："你现在获取的信息太多了。你看到一堆东西，但是真正学到的东西不够。你知道的道理太多了，导致没有时间实践。别人在学习，你在胡乱地加入新的社群，那你肯定赶不上别人。"

接着，我告诉他："人的精力是有限的，你需要做减法，先把一些群退了，不用害怕会错过什么有价值的信息，先聚焦自己，别担心输入、获得的太少，沉下心来干好工作，一旦有了自己的价值，你获得的信息自然而然会越来越多。"

我之前也加过一些社群，不同的社群每天有各种各样的信息扑面而来，根本不知道要选择什么，到头来什么也没得到。于是我开始定期清理一些对我来说没用的群聊，那些无意义的广告、话题，只会分散精力和浪费时间。等清理完没有用的群聊，再去寻找信息的时候，很快就能获得我要的内容。

毕业于早稻田大学的日本人山下英子因为在大学期间学习瑜伽，通过瑜伽放下了传统的世俗执念，提出了"断舍离"的人生整理理念，并身体力行地以这种概念长期生活，其经历影响甚至颠覆了数百万人的生活。

断舍离原意是指把不必要的、不合适的、过时的东西舍弃，只留下生活的必需品。

其核心理念非常简单：以自己而不是外物为主角，永远活在当下。

一般来讲，我们可以这样做物品的断舍离：

首先，把家里所有一年以上没有使用过的物品整理出来。

其次，思考这些物品适不适合现在的自己。可能你过去需要它，但随着时间的推移，你已经不再需要，而且以后都没有机会用到了。对这样的东西要勇敢地舍弃，不要想着未来还会有用到的一天。如果抱着"总有用的时候"的想法，你的家永远会是拥挤的。

我们要重新观察自己和物品的关系，从关注物品本身的好坏，到关注物品是不是适合我的状态。当环境变得清爽简单后，我们的心灵会更加放松，我们对事物的思考也能更加深刻。

同样地，我们对信息也需要做断舍离。

互联网时代节奏太快了。我们每天都在接受大量信息，比很多古人一辈子接触的信息还要多。"车马慢，书信远，一辈子只够做一件事,一生只够爱一个人"的从前已不复存在,现在你用各种社交媒体软件可以一天接触到上千人,比从前的连接人的密度提升了100倍甚至更多倍,自然会导致信息过载,你的大脑每天会涌进来很多垃圾。

你可以回想下自己每天的生活,一般在什么情景下会接收大量的信息?相信你的答案一定离不开手机,你对于手机的依赖已经远超自己的想象。智研咨询根据手机行业的数据分析发现,我国人民使用手机的时长从2011年开始逐年递增,到2019年,中国人平均每天要在手机上花费超过2小时的时间,打开手机的频率约为每天110次。

这也是为什么有时候周末什么都没干,在床上躺着就会感觉很累,因为我们一直在玩手机。我们在刷抖音、看微博、看公众号的过程中,一直都有信息的输入,甚至可以说是输入了大量的垃圾信息。

人最难的就是断舍离。生活被很多信息所裹挟,每天起来刷很多信息,被动输入很多信息,导致你大脑会忽略重点的事情。你的大脑就像一个CPU,需要处理的东西太多了,信息过载、容量不足就会导致过热发烫、不工作,会给你带来负担。信息越少越是一件好事,如果你接触的信息很少、很纯正,那你对这个行业、对这个领域的认识也会更加的深刻。

那我们怎么做到断舍离?

第一，梳理并减少你的信息来源渠道。

我们每天被手机里的APP占据时间，我们要减少信息，首先就要记录信息，让自己知道究竟是做了哪些无效信息的输入，从而减少信息，对不必要的信息做断舍离。

以我们刷朋友圈为例，记录自己每天浏览的时间，分析一下有什么用处，看对自己是否有帮助。

表3-1 自测表—日常刷朋友圈的时长

自测：我们在信息上花了多少时间？			
信息来源渠道	每天浏览时间	用处	是否对自己有帮助
例：朋友圈	2h	看好友动态	无，用来休闲

现在不妨按照下面的表格去记录一下你的APP使用时长：

表3-2 自测表—日常各APP使用时长

自测：我们在信息上花了多少时间？			
信息来源渠道	每天浏览时间	用处	是否对自己有帮助

减少信息的第一步就是记录，真实地记录自己对什么信息花了多长时间，筛选那些优质信息为我们所用，砍掉那些无用且不必要的信息。对于信息的输入，多以系统化的方式输入。碎片化的信息无法让我们掌握知识，反而会消耗我们的精力；珍贵的信息才值钱。

第二，多阅读经典书籍。

经典书籍中的内容是经过前人不断检验的，往往都是精炼且有价值的内容，你不需要再去花时间筛选信息，只要尽可能地去理解吸收就能得到提升。

当巴菲特和马斯克谈及成功秘诀的时候，他们都强调过：读书。巴菲特在某次采访中透露自己因为在19岁那年看《聪明的投资者》改变了整个人生的方向。书里的知识让他在此后的投资生涯中建立了一个理性的思考框架，并避免让自己的情绪破坏这个框架。每周工作时间超过100小时的马斯克会挤出时间看电子书。

马斯克幼年因为父母离异，经常感觉自己很孤单，他只能通过读书来排解孤独。他每天能看两小时的书，在三年级的时候就看完了《大英百科全书》。正是因为他广泛的阅读兴趣，他才能在之后的职业生涯中不断跨界，从做信息网站、Paypal（类似中国的支付宝），到把特斯拉的年营业额做到了245亿美元，还出现在了世界首富的位置上，现在更是朝着登上火星的目标前进。马斯克曾说过："我通过阅读来造火箭，你还敢不读书吗？"

给大家推荐一个选书的方法，但先澄清一点，这里说的读书是直接为了工作而服务的，这个方法主要适用于各类工具书的挑选。

首先，明确需求。看书的目的是解决遇到的某个具体问题，不是为了看书而看书。驱使我们阅读的应该是具体的需求，需求越具体，你就能越聚焦。比如我在做品牌营销，想要更加清楚如何写广告语才能打动用户，我就会专门看教人写广告的书。更好的方式是先看目录，找到直接解决问题的那个章节，然后认真理解章节的内容并运用起来。这样读书的效率才是最高的。

其次，可以看看豆瓣、知乎等平台，你可以了解到大多数读者对这本书的评价，从而判断自己适不适合这本书。

最后，读书最重要的是实践，当你看完某个具体的部分，最重要的事就是马上用起来，验证下书中的方法。如果有问题，可以找找其他同类型的书籍对比方法论，也可以尝试联系作者。现在很多干货类书籍的作者都会留自己的联系方式，如果想有更深入的探讨也可以直接和他们讨论。

授人以鱼不如授人以渔，阅读的目的不仅仅是让我们学会已经成体系的知识内容，更是让我们能够学会如何快速阅读一本书，并迅速掌握这本书的核心思想和论证方式。

本节总结

1. 梳理并减少你的信息来源渠道。减少信息的输入，减少你的信息来源，减少使用手机的时间。

2. 多阅读经典书籍。认可终身读书的理念，坚持阅读，让书籍成为你主要的、系统的信息来源渠道。

认知体系：用"费曼学习法"输入输出

有一次吃饭的时候，一位00后的实习生突然问我："我在学校学到的专业课知识太有限了，想更多地提升自己。我学习的欲望很强烈，却总觉得学得太少。"

我说："你还年轻，不用为此太过于焦虑，保持不断汲取就好了。"

实习生补充道："网上的内容很多，我每天都会接触到新的概念，看似都对未来发展有作用，但又感觉很空泛。我不知道现在的我最需要的是什么。"

"在你最年轻的时候，最需要做的就是搭建自己的认知体系。"

认知体系是把大量零散的知识点组成一个整体，就像一棵树有树干和周围的枝叶，树干就是核心概念，枝叶就是各个知识点，它们和整体都有一定的联系。

通过构建知识架构，我们可以更好地了解局部和整体的关系,并解决具体的问题。

第一,分清楚什么是知识,什么是认知。

我们每天会接触到很多互联网新词:认知爆炸、认知跃迁、认知偏差等。你可能都没有听过,但是你仔细看完以后,会发现这些词汇所要表达的都是同一个概念。大家学的都是知识点,可能只是知道一些虚无缥缈的概念,一些从网上搜一下就能知道的信息。

但是,认知和知识点不同,认知是指你对某件事的看法,你自己为人处事的一些原则,你做选择的判断逻辑。

人世间真正值得你学习的道理不会太多,能对人生产生决定性影响的道理更不会太多。你不需要学这么多新的东西,应该关注的是一些不变的、永恒的东西,一些经过时间和岁月的磨砺还存留至今的东西。

以孔子和老子为例,你的知识储备量肯定是比孔子更大的,至少孔子不知道地球是圆的,但你没有比他更大的成就;《道德经》只有五千多字,就能说透人世间的所有感悟,为什么呢?

因为他们都在研究、了解这个世界最根本的规律,而不是学一点知识信息就够了。你要学会的是能让你变得更好的一些观点,而不是知识点,你要去理解应用它们,而不是一味地扩充知识,最后把自己变成书呆子。你应该有更多自己的感悟,将感悟内化成自己的认知，让它们服务于你的操作系统。

当你已经可以独立产生和影响一些知识，当你接触越来越多优秀和权威的人后，你会发现高手的认知是趋同的，他们对一些事情的看法是很一致的。

第二，主动、密集地输入想要的信息。

前段时间我过得非常焦虑，精力管理也做不好。

我分析自己为什么会进入这样的状态，直到看了手机系统后台的各APP使用时长，才知道原来是我看了太多碎片化的信息，一直沉浸在娱乐世界里。

早上起来，我眯着眼睛伸手摸床头的手机，先打开微信看看朋友圈，然后再刷刷抖音看看我关注的知识博主和系统推荐视频，刷了一会儿又打开微博看看今天热搜是什么……至少20分钟后，我才会起床开始洗漱。

如果这一天我是打车上班，15分钟的车程里又少不了再次刷短视频。

到了公司坐到工位后，我的大脑已经装了不少内容，心情开始急躁，接着我又要看看知乎和各大公众号有没有什么新闻是我还不知道的。

午饭、晚饭期间，我都在玩手机，晚上回家后又看了不少人的内容和视频。

在大数据时代，不再是我去找信息，而是信息通过算法来找到我，所以系统总是给我推荐一些很能吸引我的娱乐化、碎片化的信息。

于是，我开始转变，当我想看某个内容时，我会专门搜索对应的标签，比如"理财领域中的定投、原则有哪些""2021年短视频风口"等，我会通过搜索关键字主动学习。

优秀的人和不优秀的人之间的区别就是主动和被动。

被动输入很多信息会使你疲惫。如果你每天都在被动地输入，那你很难有什么产出。

主动输入具体是指我们自己向外界寻找我们想要的知识，比如主动搜索。主动了解一些垂直的内容，才能让你的思想更强大。

巴甫洛夫说过：问号是开启任何一门科学的钥匙。

我们需要自主学习，要从问题和目标出发，自己不断发问、不断思索这是为什么，那又是什么导致的。主动搜索信息，输入一些有效的、高质量的信息，然后思考、应用和再次创造。

第三，主动输出结论，归纳总结。

输入信息怎么才不会过载和焦虑？关键还在于你有没有产生结论。

做新媒体行业，每天研究新媒体文章、短视频，如果不是带着研究目的去看内容，很快就会无聊，所以你需要从输入信息中产出结论——能否把知识从你脑子里抽离出来？能否把这件事情从一团信息整理成很清晰的一条线？

美国缅因州的国际训练实验室研究采用什么学习方式知识留存率最高。结果显示，讨论和实践分别会留存50%和70%，教授给他人能留存90%。

你可以借助耳熟能详的"费曼学习法"来促使自己输入和输出，费曼学习法又称快速学习法：

第一，选择想要学习的领域。

第二，尽可能地完全了解这个概念。

第三，反复用自己的话复述，力求化简到让别人最容易理解的程度。如果过程中有卡壳就着重思考这个部分。费曼说："我要是不能把一个科学概念讲得让一个大学新生也能听懂，那就说明我自己对这个概念也是一知半解的。"把一个东西从复杂回归到简单，是在升维而不是降维。根据第一原理思维，只有完全理解知识点所有的概念并抓住核心才能简化这个知识点。

第四，教给另外一个人。看他能不能完全理解你说的内容，再次思考他不能理解的地方，直到教会他为止。同样的过程，多对几个人重复。当你可以把一个知识点教给不同的人时，就说明你确实掌握了。

用一句话概括就是：你要用最简单的方式讲清楚你对某个知识点的认知，并教会别人。

这个学习方法的关键是，在我们教学的过程中，表面看是我们在教学，实际上是我们在查漏补缺。就像为什么考试前，我们觉得自己什么都懂，但考试结果却不够理想呢？其实我们只是自以为自己懂了，实际上还有很多地方是不够清晰、明确的。这些地方叫作"盲维"，只有我们主动运用知识的时候才会发现"盲维"，才会发现原来自己不知道什么。

以我写作为例。我写作前都会先密集输入，密集地去看所有与主题相关的内容，短视频也好，书也好，密集输入知识、观点和方法，然后分类，让这些输入的内容成为对我有用的东西，然后高度凝练出核心思想和方法，找到该主题的本质。

这就是主动探索的过程，我们基于目标来拆解需要搜集的信息，得到的就会是系统化、高质量的内容。

也许你暂时不会到写书这样需要大量输入输出的工程浩大的阶段，但你在朋友圈写一篇300字的内容，在公众号写一篇小长文，用短视频表达自己的观点，这些都是输出。如果你只表达自己浅薄的想法，内容很难服众；最好的办法就是大量输入你想表达的内容，自己先弄清楚这个主题，内化成你的思想，然后再对外有理有据地表达。

麻省理工学院计算机科学博士卡尔·纽波特（Cal

Newport）在《如何成为有效学习的高手》中也分享了自己学习的终极秘密：把一个学习到的新东西制作成课程销售。制作成视频的成本可能比较高，对于大多数人来说写成文章或者只是和朋友分享讨论是更为方便且同样有效的方法。

当你学习完新的知识，可以自己组织语言表达，重新写成一篇文章放到公众平台。写作的过程会让自己的思路更加清晰，也能和读者在交流中产生新的思想碰撞获得新知。在此过程中总结相关经验和方法论，可以梳理出自己实践过的知识进行分享，在分享中输出自己的感悟和想法，结束之后可以询问伙伴是否有收获，当收到更多正反馈时，你会更加有动力。

卡尔·纽波特确实做到了知行合一，他长期保持了这个刻意练习的方法，每个月至少投入20个小时用于学科顶尖论文的研究和输出，并创办了大受欢迎的博客"学习黑客"，教会数百万人破解学习和工作领域的成功模式。

本节总结

1. 分清楚什么是知识，什么是认知。认知和知识点不同，是指你对某件事的看法，你自己为人处事的一些原则，你做选择的判断逻辑。
2. 主动、密集地输入想要的信息。我们需要自主学习，要从问题和目标出发，自己不断发问、不断思索这是为什么，那又是什么导致的。主动搜索信息,输入一些有效的、高质量的信息,然后思考、应用和再次创造。

3.主动输出结论,归纳总结。学会总结信息形成结论并进行输出,这样输入信息时才不会过载和焦虑。

操作系统：即刻行动才能终身成长

我之前带了一个实习生，实习了四个多月，工作能力和素质各方面都不错，很可惜的是她因为自己是理工科，要去做理工类实习所以提前退出了。

我们最后一次谈话，聊的是她的人生困惑。

我告诉她，人生每个时期都有困惑，因为困惑才占人生的大多数，你要找到自己的困难和问题，再去攻克。

斯科特·派克在《少有人走的路》中写道："成熟不在于你是否西装革履、谈吐文雅，而在于你是否面对问题和痛苦而不回避。"

困惑是我们身陷难以解决的问题却不明方向的一种状态，它来源于人的欲望和复杂的思想。欲望推动着人改变，而改变的方向取决于人的思想。要么能从困惑中走出，要么深陷泥沼难以自拔，其中最关键的区别，是你是否拥有直面困惑的勇气。

如何面对困惑和困难呢？

第一，接受自己是普通人。

能力欠缺者通常无法正确认识到自身的不足与行为上的错误，在未充分考虑的情况下就做出决定继而得出错误结论，这种现象被称为"达克效应"，一种心理学上的认知偏差现象。这些人对自己的能力没有清晰的认知，沉浸在自我营造的优势之中。而在达克效应下，人往往处于愚昧之巅，即人的智慧极低，但自信度极高。

随着自我认知程度的提升，人们通常会进入"绝望之谷"——认识到自己的不足，智慧有所增长，自信度大幅降低；继而触底反弹，成长至"开悟之坡"，智慧继续增长，自信度开始回升。

从"愚昧之巅"到"绝望之谷"再到"开悟之坡"，核心点就在于你是否从内心的深处相信自己是个普通人，你要告诉自己，过去所有的小成就都是靠运气的。

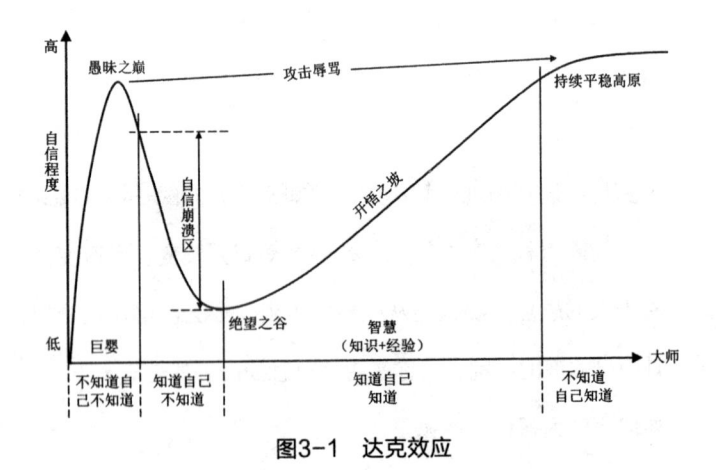

图3-1 达克效应

放下所有的骄傲与成就，清晰意识到自己是个普通人，把自己从"愚昧之巅"赶下来，静下心来去找这个行业里最厉害的人学习底层逻辑，很快你就会得到一个更大的舞台。我见过太多年少有为的年轻人，但很多都慢慢被时代淘汰了。因为他们在有了一些成就后，不愿意清空自己，继续学习。

如果你不相信自己是个普通人，自命不凡，你的未来不会有多大的成就。

我之前投资时，随便买的股票有了一些收益，大概在70%左右，我觉得巴菲特也太普通了，不过只有20%的收益；直到我盲目把这些钱赔了精光之后，我才明白巴菲特保持多年的20%收益是多么厉害的一件事，我才接受自己的平凡，才开始潜心拜读他的文字。

第二，学会写行动清单。

我发现一件很有趣的事情，对于很多人来说，哪怕这一阶段自己的状态很糟糕，但下一次，他们依旧如此。很多人受困其中，不知道如何应对困难，从行动力层面来说，很可能是因为不知道如何写行动清单。

步骤一：写出你现在需要做的事情。

步骤二：写出你需要通过哪几个步骤来达成目标，并把这些步骤细化。

比如，很多女孩子想要学习化妆，每天看很多的美妆视频，但自己的妆容还是一塌糊涂，也不知道如何改进，那么你可以设定自己的行动清单。

你可以观察一下自己平时化好妆的脸，看看哪一部分是你最想改进的，比如，如果你觉得自己的眉毛描得有点问题，可以写下来：我想要改进眉毛画法。

大部分人给自己灌输完这个想法之后，如果行动力没有提高，那么这个想法很大概率会被搁置。为什么？

两个原因：一是你给出的行动不具体；二是你没有用实际行动去做想要做的事。

改进眉毛画法其实还可以分成好几个步骤：找到曾经打动你的UP主的美妆视频，计划好明天下午下课之后看，然后晚上抽出10分钟进行练习；评估自己的眉笔是否合适，如果不好用需要重新采购。

你看，我所有的描述都是具体的动作。其实，当你真正把要做的事情拆解成一个又一个的动作，你心里就不会有什么负担，自然也就不会困惑和拖延了。

表3-3　自测表—行动清单

自测：列出你的行动清单	
项目	回答
需要做的事情有什么？	
需要通过哪些步骤来达成目标？	
做这件事遇到的困难有哪些？	
如何去解决这些困难？	
需要什么资源支持？	

第三，刻意培养你的操作系统。

人生就像是一款游戏，如果你的装备全部都只有攻击属性，无法防御，不能复活，你可能会被其他玩家秒杀。我们可以假设自己从毕业开始，就是一个角色的初始状态。所有技能点都是初始值，可能你的攻击值是20，防御值也是20，不同的人的数值不一样。如果你想在这个领域里走得更远，就需要把自己的其他能力多补足一点，变成你的操作系统。

当然，我们每天会接触很多的人，大家的认知其实是不同的，甚至有可能是和你完全相反的，你不需要全盘接受，你可以在自己已有的小型操作系统与底层逻辑基础上，把别人的思想拿过来补充自己的，合适的就留在这里，不合适的就先放一放。

就像武林高手都有自己的秘籍，作为新人学习的时候不可能把每个人的秘籍都学到手,一来是不太现实,耗时很长,二来是效果未必有那么好。因为有些逻辑可能不是通用的,它们只能在特定的场合或年代发挥作用。

我的人生中也有非常多痛苦和困惑的至暗时刻。

刚来北京时,我才大三,住青旅,下铺的月租是800元,上铺是750元,我毫不犹豫地选择了上铺,不是因为上面有多宽敞,毕竟从上铺一起来就容易碰头,而是因为能省50块钱。我当时觉得自己特别可悲,在北京这么大的城市,还要为贵50块钱这种鸡毛蒜皮的事而忧虑,这是我人生觉得非常困难的时刻之一。

而且,我每周还有一天必须要上课,怎么都逃不掉,所以我几乎是每周三的晚上都要坐绿皮火车的硬座从北京回到济南,为了不耽误上班时间,我每次都是坐晚上十点的车。为了省钱,只能选择硬座,每次要待上七个多小时,特别难受,歪着脖子睡觉容易落枕,趴在餐桌上又不舒服。下了火车后,我还得坐一个多小时公交车才能到学校,每次都觉得特别痛苦特别不值得,挣的钱也完全不够来回车费。但我还是坚持了小半年,因为我是一个不愿服输的人,很多同龄人没有吃过的苦,我都吃过了也坚持了。

当年写文章被毙稿,真的很痛苦,我也迷茫自己为什么要坚持做这些,但现在回头看,我发现我人生最享受的就是那段时间,因为那段时间帮我把基本功练好了。扎实的基本功决定一个人能走多远，正如王兴有句话："人的未来最后看的都是基本功是否扎实。"

因此，这些经历其实都是对我意志力的磨炼。人生的至暗时刻是多数的，耀眼的时刻才是少数的，所以要学会接受非常困难的时刻，你越能坦然接受，越坚韧，一切都是值得的，付出和回报是成正比的。

我们经常在新闻上看到一些学霸抑郁、想不开的新闻，很大原因就是他们一生顺遂，但最后没有得到好的结果，所以抗压能力极弱，遇到事情容易被打击到谷底。但像我们这种从泥坑里爬出来，被很多人否定，被很多人质疑，被很多事情所裹挟的人，反而会走得更远，因为你接受你的人生没有那么完美，你知道自己还有源源不断的、更多更难的坎儿要过。一帆风顺的人生是不值得过的，充满忐忑的人生可能反而会给你带来不一样的惊喜，你现在的苦难或许就是你以后的资本，杀不死你的终究将成就你。

本节总结

1. 接受自己是普通人。放下所有的骄傲与成就，清晰意识到自己是个普通人，把自己从"愚昧之巅"赶下来，静下心来去找这个行业里最厉害的人学习底层逻辑，很快你就会得到一个更大的舞台。

2.学会写行动清单。当真正把要做的事情拆解成很多个具体的动作后，心里就不会再有负担，也不会困惑和拖延了。

3.刻意培养你的操作系统。痛苦的经历都是对我们意志力的磨炼，我们需要在磨砺中不断补足自己各方面的能力，形成强大的操作系统。

定期复盘：将经验转化为底层思维

因为公司业务需要，我面试了一个候选人，听完自我介绍之后，我看了看他的简历，工作和项目经验都挺丰富的，于是我问了其一个问题：你做的这个项目，为什么能做成？

候选人想了想，支支吾吾表述了那个项目的情况，我便继续发问：如果重新再来一次的话，你能不能做得更好？

候选人回答不上来，想了好一会儿，手心直冒汗，最后简单应付了我两句话。

我问这两个问题，是想考察候选人做项目有没有认真思考并沉淀出方法论，是否具备知识迁移的能力，而"思考—实践—沉淀—总结输出"的过程就是复盘。

这两个问题，有复盘的人，会详细地和你描述，并且在关键信息上会和你说得明明白白，没有复盘的人，基本是想到哪儿讲哪儿，二者对比是能够明显感觉出来的。

而复盘可以极大地帮助我们从现象中找本质，发现其核心的做事方法论，从而实现知识迁移，所以复盘很重要，是我们必须掌握的一项底层思维。

谈恋爱其实也需要"复盘"。

情侣在生活当中会因为各种小事吵架,事后,不妨静下来回顾一下,到底是谁的习惯或做事的方式导致对方不满。双方达成共识,吸取教训,直接改正,下次就可以避免因为这个事情或类似的事情而吵架。

"复盘"一词最早来源于中国古代的围棋,是围棋术语,也称"复局",指对局完毕后,复演该盘棋的记录,以检查对局中招法的优劣与得失关键。

柳传志先生第一个将复盘概念引入工作中,使其成为联想的核心企业文化,随之被广泛应用在企业管理中。

柳传志先生说,所谓复盘就是做完一件事情后,无论失败还是成功,尤其是你失败的事情,重新梳理一遍前因后果,把过程结果重新演练一遍,为之后做事提供清晰明确的步骤。

我经常会用复盘的方式,把一些人生的"早知道"时刻记录下来:

早知道今天上班会迟到,我就不睡懒觉了。

早知道会被领导说一顿,我就不偷懒了。

早知道机器会出现问题,我就认真提前检查了。

……

一旦有"早知道"的想法,我就会想,上一次是不可弥补的,只能思考下一次怎么能避免犯错。所以，我会立刻把这个事情写下来，放在我显眼的位置，让我不会第二次在这个事情中犯错。

然后，我会每天思考我一天做了什么事情，什么是做得好的，什么是做得不好需要改善的，做一个总结反思，并思考下次如何把做得不好的事情做好，并且会记录之前犯过的错误，避免再次犯错。

哈佛商学院工商管理教授加尔文，他是学习型组织最早的倡导者之一，他在书籍《学习型组织行动纲领》中提到：学习型组织的快速诊断标准之一是**"不犯过去曾犯过的错误"**。人类最喜欢一而再再而三地犯错，在一个地方挖过的坑，以后会在很多地方再挖，会在一样的坑里跌倒。

而反思过去的错误，思考怎样才能不犯过去曾犯过的错误的过程，就是复盘。

如果不复盘，人生就没有什么意义，复盘可以帮助你找到最核心的原因。

当你没完成一件事时，你的大脑会直觉地给出一个原因A，但深度复盘之后，你会发现事实却是B。举个例子，之前，我早晨上班经常迟到，我脑子一直告诉我是因为睡懒觉，起太迟了，然而事实却不是这样的，是因为我老是纠结穿什么衣服好，怎么搭配，一挑一选一搭，花了近半个小时。后来，我把衣服挑选和搭配放在了晚上去提前完成，我早晨上班就没有再迟到过。

具体该如何复盘？分为以下四步：

1.回顾和记录。

2.分析总结你这一整天所发生的事情。

3.尽可能对自己多提几个问题并想解决方案。

4.将你的复盘结果分享给你身边同频的好友。

第一,复盘第一步是回顾和记录。

回顾和记录你遇到的人或事,以及对你现在及未来可能有用的信息。在记录上,最重要的是要当下记录,用一个文档简要描述当下发生的事情,作为一个索引,每天入睡前根据自己记录的事情,对你一整天所发生的事情进行复盘。

那为什么建议你当下就记录事情呢?因为我们千万不要高估自己的记忆力,随着时间的流逝,你遗忘的速度也会加快。当时记录是为了给事后复盘时,提供一个索引,能够让我们在事后较快回忆起当时发生了什么。及时记录并复盘。

我们要记录的维度大体可以分为:学习/工作情况、人际交往、财富增长三大部分,每个部分的侧重点不一样。

下面,我将以我的团队成员一村的复盘日记来讲解三大部分分别可以复盘什么内容。

1.学习/工作情况

记录你今天在学校/职场、学习/工作过程中遇到的事情以及带给你的思考。

你可以记录你今天遇到的开心的事情、困难的事情或是一个值得学习的地方,简要描述当时的场景,并记录下来。

或者记录你在读书中或工作中学习到了什么知识,输出读书记录或工作的笔记。

也可以记录你今天对于生活工作中产生的感悟。

表3-4 一村的复盘日记—学习/工作情况

一村的复盘日记	
类别	今天发生的事(场景复现)
学习/ 工作情况	1.关于会议中系统、有框架地记录会议纪要的能力 今天,我们团队和客户开了一个会议,同事一边和客户沟通一边打开在线文档记录纪要,会议要求在会议结束的同时要出具一个会议重点报告。 我印象最深的点是同事的会议纪要是速记,并且还是有框架有体系的。当时就要求脑子要转得特别快,同时要有抓重点的能力。 2.关于阅读《了不起的我》的读书笔记 ·改变的本质:创造新经验 我们在改变中经常遇到的问题:我们心里有一个行为标准,希望自己做到,却经常被现实打脸。 指责自己并不能带来改变,思考:为什么控制不住自己? 经验的好处和期待的好处:具体和抽象,发生在当下和发生在未来。 我们被强化了的经验支配。 改变的本质,其实就是创造新经验,用新经验代替旧经验。 创造新经验需要通过新的行为获得新的反馈、新的强化,并切身体验到它。切身体验的经验,信息浓度是非常高的,这跟听来、看来的道理很不一样。如果只有想象中的期待,而没有新行为带来的新经验,改变就很难发生。

2. 人际交往

在这个模块，你可以记录你认识了谁，他是做什么的，怎么成功的，其中他做对了什么，你从他的身上能学到什么。

也可以记录一些交流的精华和自己的感悟，赋能应用到自己的生活。

抑或是记录你和别人相处过程中，有什么交往的方式和感受是舒服的和糟糕的。这些都可以记录下来，甚至是你在谈恋爱过程中学会了怎么和另一半相处，都可以记录下来并思考。

表3-5　一村的复盘日记—人际交往

一村的复盘日记	
类别	今天发生的事（场景复现）
人际交往	1.双向价值是最舒服的交往方式。 今天和朋友聊天，讲到了一个双向价值的概念。 交往和人脉，讲究双向价值，就像恋爱中，讲究双向奔赴。 2.一个姐姐分享的"思考—实践—复盘"的系统思考复盘方法： 在做一些事的时候，不能完全割裂开，做的事情之间都是有联系的。 一个有深度的内容来源于"思考—实践—复盘"，这几环都打通才能形成深度内容。 只有思考，就只是方法论。 没有计划的实践，是盲目。 没有实践，复盘是空洞的。 听了这个姐姐的分享，很受用。

3. 财富增长

在财富增长板块，同样的，你可以记录自己发生了什么事情,增长了多少财富。这部分不是让我们只记录财富增长的数字,而是记录你为现在及未来做了哪些促进财富增长的事情。

比如在增加收入方面,你通过现有的专业能力已经赚了多少钱?你为了成为某方面的专家做了哪些可以增值的事情?你研究了哪些可以赚钱的商业模式?

在降低支出方面,你可以记录当天具体支出了多少钱,什么支出是可以避免和减少的。

在投资理财方面,你可以记录你投资所得收益,以及学到了哪些投资理财的方式及技巧。

在对抗风险方面,你可以记录在对抗风险中,花费了多少钱,如何有效规避下一次的风险。

表3-6 一村的复盘日记—财富增长

一村的复盘日记	
类别	今天发生的事(场景复现)
财富增长	1.对两支已购的优秀基金开启定投,频率是每周定投,方式是开启了支付宝的智慧定投功能,高于市场值就少投,低于市场值就多投。 2.今天晚上在回家的路上,因为比较晚,觉得很累,想犒劳一下自己,出了地铁看到街边有个奶茶店,由于欲望熏心,便点了一杯奶茶。我明知道晚上喝奶茶肯定对身体不好,但是还是想犒劳一下自己,我想已经这么累了,生活就不能有一点甜嘛。等回到家了,果不其然,没有喝完,还有小半杯,也不舍得扔,我想过夜也不能喝了,就边刷视频,边喝了一小会儿,在那儿报复性地浪费时间。 然后现在肚子还挺胀的,不是很舒服,然后感觉时间也浪费了,要到睡觉的点了。

第二，分析总结你这一整天所发生的事情。

可以记录你做得好的地方，如何做得更好；做得不好的地方，如何改正；在其中我学到了什么，总结了什么方法论。比如一村同学记录了会议中同事有系统速记会议纪要的能力，那他便在此基础上总结了同事的做法，并分析总结，提炼方法。

表3-7 一村的复盘日记—分析总结

一村的复盘日记		
类别	今天发生的事（场景复现）	分析总结（提炼方法）
学习/工作情况	1.关于会议中系统、有框架地记录会议纪要的能力 今天，我们团队和客户开了一个会议，同事一边和客户沟通一边打开在线文档记录纪要，会议要求在会议结束的同时要出具一个会议重点报告。 我印象最深的点是同事的会议纪要是速记，并且还是有框架有体系的。当时就要求脑子要转得特别快，同时要有抓重点的能力。 2.关于阅读《了不起的我》的读书笔记 ·改变的本质：创造新经验 我们在改变中经常遇到的问题：我们心里有一个行为标准，希望自己做到，却经常被现实打脸。	1.我在记录上做得不好，如果要开始学习，应该通过以下几步： ·边听内容，记录要点，边重点的框架，如这次会议是介绍情况，解答疑惑，那就可以分成：问题描述（核心痛点和需求）、方向建议、ToDo方案，其他小众谈，内容。 ·在此基础上，边听边往框架里记录，前面5~10分钟会比较难，后续就会顺手一些。这一点最重要的就是一定要边听边把内容有意识地放入对应框架，然后稍微整理成完整的语言表述。 ·然后就是多练抓重点的能力，熟能生巧。

表3-7（续） 一村的复盘日记—分析总结

学习/ 工作 情况	指责自己并不能带来改变，思考：为什么控制不住自己？ 经验的好处和期待的好处：具体和抽象，发生在当下和发生在未来。 我们被强化了的经验支配。 改变的本质，其实就是创造新经验，用新经验代替旧经验。 创造新经验需要通过新的行为获得新的反馈、新的强化，并切身体验到它。切身体验的经验，信息浓度是非常高的，这跟听来、看来的道理很不一样。如果只有想象中的期待，而没有新行为带来的新经验，改变就很难发生。	2.关于改变，改变的本质，其实就是创造新经验，用新经验代替旧经验。明确了这个定义，接下来在生活中，我会逐步地创造新的经验去代替旧经验，从而产生改变。
人际 交往	1.双向价值是最舒服的交往方式。 今天和朋友聊天，讲到了一个双向价值的概念。 交往和人脉，讲究双向价值，就像恋爱中，讲究双向奔赴。 2.一个姐姐分享的"思考-实践-复盘"的系统思考复盘方法： 在做一些事的时候，不能完全割裂开，做的事情之间都是有联系的。 一个有深度的内容来源于"思考—实践—复盘"，这几环都打通才能形成深度内容。	1.你只有通过某个方式去学习，达成成就，或者是通过现有能力提供价值，金钱价值也好，能力价值也好，和大佬的交流才会显得舒服得当，且一来一回，互相提供价值，否则只会给别人造成负担，交流不愉快。 2.只有思考，就只是方法论。没有计划的实践，是盲目。没有实践，复盘是空洞的。

表3-7（续） 一村的复盘日记—分析总结

财富增长	1.对两支已购的优秀基金开启定投，频率是每周定投，方式是开启了支付宝的智慧定投功能，高于市场值就少投，低于市场值就多投。 2.今天晚上在回家的路上，因为比较晚，觉得很累，想犒劳一下自己，出了地铁看到街边有个奶茶店，由于欲望熏心，便点了一杯奶茶。我明知道晚上喝奶茶肯定对身体不好，但是还是想犒劳一下自己，我想已经这么累了，生活就不能有一点甜嘛。等回到家了，果不其然，没有喝完，还有小半杯，也不舍得扔，我想过夜也不能喝了，就边刷视频，边喝了一小会儿，在那报复性地浪费时间。 然后现在肚子还挺胀的，不是很舒服，然后感觉时间也浪费了，要到睡觉的点了。	1.通过学习财商的知识，提高了财商方面的认知：定投可以降低风险。 2.生活中要克制欲望，减少不必要的支出。 同时可以在工作中再提高效率，别用力过猛，劳逸结合。

第三，尽可能对自己多提几个问题和想解决方案。

知乎的slogan特别好，"有问题就会有答案"，有问题与有答案都很重要，通过对自己发问，一层一层剖析，给自己提供解决方案。

表3-8 一村的复盘日记——总结提出解决方案

一村的复盘日记

类别	今天发生的事（场景复现）	分析总结（提炼方法）	对自己多提几个问题	解决方案
学习/工作情况	1.关于会议中系统、有框架地记录会议纪要的能力 今天，我们团队和客户开了一个会议，同事一边和客户沟通，一边打开在线文档记录纪要，会议要求在会议结束的同时要出具一个会议重点报告。 2.关于阅读《了不起的我》的读书笔记 ·改变的本质：创造新经验	1.我在记录上做得不好，如果要开始学习，应该通过以下几步： ·边听内容，记录要点，边听重点的框架，如这次会议是介绍情况，解答疑问，那就可以分成：问题描述（核心痛点和需求）、方向建议、ToDo方案、其他小众谈、内容。 ·在此基础上，边听边在框架里记录，前面5~10分钟会比较难，后续就会顺手一些。这一点最重要的就是一定要边听边把内容有意识地放入对应框架，然后稍微是一个完整的语言。 ·然后就是多练抓重点的能力、熟能生巧。	1.要向同事学习会议速记的方法，在会议中迅速搭建内容框架，该怎么做？ 2.如何在会议聊天中抓到重点内容？ 3.关于改变，我该如何创造新的经验？	1.在速记中，迅速搭建内容框架，极其考验一个人抓重点的能力，根据提炼出的方法，再找一些可以提高抓重点能力的方法，如采用丰田五问法，连续问五个为什么。学习沟通的节奏、掌握沟通的技巧，提高在会议交流中抓重点记忆的能力，通过这种方式多去参加会议，并尝试去系统记录会议纪要，积累实践经验，并及时复盘看看这个能力是否已经掌握。

125

表3-8（续） 一村的复盘日记—总结提出解决方案

	学习/工作情况
我们在改变中经常遇到的问题：我心里有一个行为标准，希望自己做到，却经常被现实打脸。指责自己并不能带来改变。思考：为什么控制不住自己？经验的好处和期待的好处：发生在未来。我们被强化了的经验支配。改变的本质，其实就是创造新经验，用新经验代替旧经验。创造新经验需要通过新的行为获得新的反馈、新的强化，并切身体验到它。切身体验浓度是非常高的，信息浓度是非常高的，这跟听来、看来的道理很不一样。如果没有新行为带来的体验，而只有想象中的期待，改变就很难发生。	2. 关于改变，其实就是创造新经验，用新经验代替旧经验。明确了这个定义，接下来在生活中，我会逐步地创造新的经验去代替旧经验，从而产生改变。	2. 在改变中，书上说要创造新经验，那可以这么做：首先，可以采取固定习惯的方式，比如每天早上加入五分钟的读书时间，然后再增加简单开始的时间。其次，可以在每周一、四、六加入一个新的计划，其他时间正常安排。用每周二、四、六的时间创造新的经验。

第三章 减少信息，搭建体系

表3-8（续） 一村的复盘日记—总结提出解决方案

人际交往	1.双向价值是最舒服的交往方式。今天和朋友聊天，讲到了一个双向价值的概念。交往和人脉，讲究双向价值，就像恋爱中，讲究双向奔赴。 2.一个姐姐分享的"思考-实践-复盘"的系统思考复盘方法：任做一些事的时候，不能完全割裂开，做的事情之间都是有联系的。一个有深度的内容来源于"思考-实践-复盘"，这几环都打通才能形成深度内容。	1.只有你通过某个方式去学习，达成成就，通过现有能力提供价值，金钱价值也好，能力价值也好，和大佬的交流才会显得舒服恰当，且一来一回，互相提供价值，否则只会给别人造成负担，交流不愉快。 2.只有思考，就只是方法论。没有计划的实践，是盲目。没有实践，复盘是空洞的。 3."思考-实践-复盘"模型可以应用到什么地方？	1.提升价值后，如何和大佬交流？ 2.在互相提供价值的基础上，怎么交流才会让对方更舒服？ 3."思考-实践-复盘"闭环流程，接下来很多事情都可以套用这个步骤去做，比如建立知识体系。	1.对于社交中的双向价值，逐步提升自己的价值很有必要。要提升自己的专业能力。与和自己价值水平相当或稍高的人交流。 2.思考-实践-复盘是一个闭环流程，接下来很多事情都可以套用这个步骤去做，比如建立知识体系。
财富增长	1.对两支已购的优秀基金开启定投，频率是每周定投，方式是开启了支付宝的智慧定投功能，高于市场价值就少投，低于市场价值就多投。	1.通过学习财商的知识，提高了财商方面的认知：定投可以降低风险。	1.还有哪些投资理财方法是可以提高收入、规避风险的？	1.需要深入学习投资理财的知识及书籍，学习并输出投资理财笔记，汇集这些知识，形成系统的方法论，指导之后的投资。

127

表3-8（续）

	一村的复盘日记	总结提出解决方案
财富增长	2.今天晚上在回家的路上，因为比较晚，觉得很累，想慰劳一下自己，出了地铁看到街边有个奶茶店，由于欲望熏心，便点了一杯奶茶。我明知道晚上喝奶茶肯定对身体不好，但是还是想犒劳一下自己，我想已经这么累了，生活就不能有一点甜嘛。等回到家了，果不其然，也不舍得扔，还有小半杯，也不能喝了，就过夜也不能喝了，想边喝边刷视频，边喝了一小会儿，在那报复性地浪费时间。然后感觉现在肚子还挺胀的，不是很舒服，然后睡觉时间也浪费了，要到睡觉的点了。	2.生活中要克制欲望，减少不必要的支出。同时可以在工作中再提高效率，别用力过猛，劳逸结合。 2.该如何止盈获利呢？ 3.如何克制欲望？	2.可以利用"五三二"止盈法 在基金收益达到心理预期后，一次性卖出50%，落袋为安；如果市场继续上涨，再次达到一个更高的止盈线的时候，再卖出30%；剩下的20%可以继续观察，选择适当的时机卖出。 3.用目标去克制欲望，当达成某个目标后给自己奖励，来克制现有的欲望。

以上，就是一个较为完整的复盘内容，通过记录今天发生的事（场景复现）、分析总结（提炼方法）、对自己多提几个问题、想解决方案，这四步去系统地复盘。

这其中的底层思维是参考PDCA循环：计划—执行—检查—处理。这是美国著名管理学家戴明提出来的一种质量管理工具，通过四个环节，不断对成功的经验进行总结，积累失败的教训，为下一次计划和执行做好铺垫。

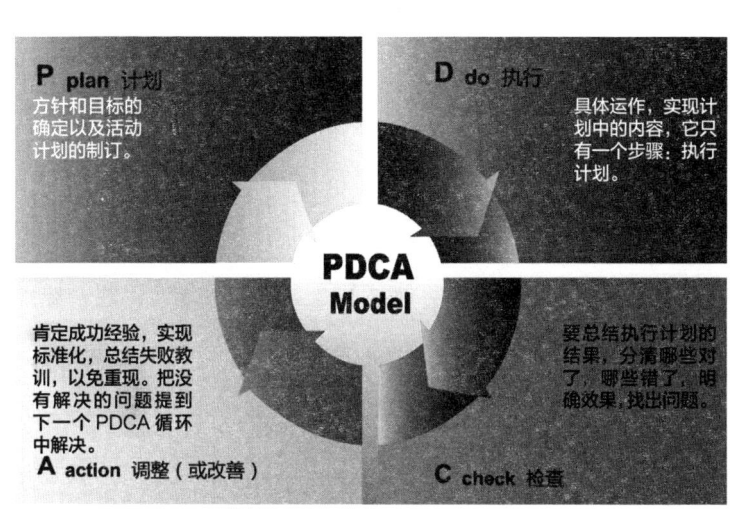

图3-2 PDCA循环

其中复盘在记录的基础上，更注重后期的检查和处理调整过程。通过检查，也就是对我们发生的事情进行分析总结，发现问题后，及时对自己提出问题，然后想出解决方案，进行调整，最后再反哺计划，然后再发现问题、总结调整，形成一个不断能产生正反馈的循环。

第四，将你的复盘结果分享给身边同频的好友。

当你撰写完当天的复盘，强烈建议你分享给同频的好友，这样你可以得到很多正反馈，也可以和他们产生更多、更深度的交流。同时也可以把自己复盘中学到的知识，复述给他人，教就是最好的学，情景再现是最好的巩固，这样不仅利他，可以获得好友的感激，也可以让你对掌握的知识有更深入的了解，对存在的问题会有更加深刻的认识并及时改正。

通过上面的四步，开始行动起来吧，从过去获得力量，着眼于未来，从复盘中翻盘，告别"早知道"。

本节总结

1. 复盘第一步是记录：记录你遇到的人或事，以及对你现在及未来可能有用的信息。最重要的是要当下记录，用一个文档简要描述当下发生的事情，作为一个索引，每天入睡前根据自己记录的事情，对你一整天所发生的事情进行复盘。
2. 分析总结你这一整天所发生的事情。可以记录：你做得好的地方，如何做得更好；做得不好的地方，如何改正；在其中学到了什么，总结了什么方法论。
3. 尽可能对自己多提几个问题并想解决方案。问题与答案都很重要，通过给自己发问，一层一层剖析，给自己提供解决方案。

4.将你的复盘结果分享给身边同频的好友。当你撰写完当天的复盘，可以分享给同频的好友，在得到正反馈的同时还可以和他们产生更多、更深度的交流。

方法模型：从优秀到卓越的必经之路

当你开始坚持复盘以后，你就和之前不一样了，你会不自觉养成独立思考的习惯，你会思考你的生活，思考你的工作，不断优化之前的认知，指导你的生活。

当你复盘到一定程度，你会逐步得到很多做事的方法，之后考验你的是，你是否能梳理沉淀出自己的方法论。

正如前文所说，我每天会接收到生活中的各种信息，有主动输入和被动输入的，我的大脑像电脑一样，也是需要清理库存的，每次输入这些信息就会深度思考复盘，每次复盘完我都要总结成一个方法论，这个方法论也许是粗浅的也许是高深的。然后再从这些方法论中，找寻有共性的东西，并不断模仿从成功中寻找下一次成功。

当你坚持复盘后，要思考你复盘的内容是否可以复制和应用到你的生活，并产生影响？从复盘里能不能从中找出共性，衍生出一套你的方法论？能不能总结出一套可复制的商业模式形成一套SOP（标准操作流程）？

所以复盘之后还有很重要的一步,就是回顾你的复盘内容并且去寻找有结果的成功案例,从结果中找出共性,从共性中梳理出做事的方法,形成你为人处事的系统SOP(标准操作流程)。

第一,找到足够多的成功案例,从这些案例中分析它们的共同点。

我之前提到我的一个人生准则:成功是成功之母。所以要从成功中去发现成功,从成功的人、事、物中去挖掘其成功的共性,往往是一个非常有用的方式。

我们在复盘之后,要总结出方法论,前期就要先找到足够多的成功案例,然后去分析共性。

我之前对财富财商这块特别感兴趣,于是就大量看了财富相关的资讯,一段时间内有目的地看了四五十本关于财富、投资理财相关的书籍,脑子里各种概念来回地飞,非常的难受。我就告诉我自己,找到共性,强行归类,因为所有的事情都有一定的逻辑,把你能记住的按逻辑分类。

我计划把我看的所有和理财相关的内容整理归纳为几大类,所以我需要把总结复盘的100条方法论变成几条。我首先把100条变成50条,提炼总结到50条以后,再按照统一的思路思考迭代,最终总结出了财富四步方法论:1.提高收入。2.降低支出。3.投资赚收益。4.降低风险。

通过总结得出来的这四条方法论，就是我所理解的整个财商体系的核心。

我做新媒体也是用同样的方法摸索出爆款的核心底层逻辑。

曾经我在国内最大的自媒体公司工作时，初期我写不出来文章，我深度复盘后发现，不是因为我的水平不行，也不是因为我书得少，而是因为我不懂得爆款长什么样，因为公司要求我们要写出好文章，好文章的概念不是文笔要多好，而是你的文字是否能触动人，收获阅读、点赞、收藏量，也就是成为我们常提的"爆款"。

于是，我沉下心来研究爆款长什么样，集中在一段时间内潜心研究了1000篇爆款，最终找出了爆款的九个共同点。

我把这九个共同点称为九大元素。

三大感情：亲情、友情、爱情。

四种情绪：怀念、愧疚、暖心、愤怒。

两大群体：地域和年龄。

之后围绕这九大元素，我开始写新的稿子，这才逐渐拥有阅读量1万+、5万+、10万+的爆款文章。

从一个差点被劝退的员工，跃升为一个可以持续写"爆款"的合格员工。再后来我做了很多爆款内容，然后把这个底层思维沿用在了微博、微信、知乎、H5、小红书甚至是短视频上，都适用且可行。

我通过复盘发现根本问题，通过研究大量爆款，找出了它们之间的共性，从这共性中梳理出了SOP，让我不断受用，给我带来价值是不可估量的。

第二，不断模仿这些成功案例，从成功中寻找下一次成功。

毕加索说：伟大的艺术家都是在剽窃。

人类文明发展这么多年，当我们以为自己很聪明，领悟出了一个新观点时，我们一定会不经意间在哪篇著作上发现，有人早已写过这个观点。

我们的祖先、前辈都帮你试过了，你不要觉得自己有多聪明。

我也经常有种感觉，有时候我发现一个概念特厉害，是我自己从工作里总结出来的，但后来我在偶然间看到一本书，或者听到一个人分享，发现有个伟人曾经提过这个点，我会后悔没有早读书，因为这个道理早就有人总结过，别人已经帮我试过了。所以我们说历史总是重复的。人类进化这么多年来，在不同时期做的选择很多时候都是一样的。

历史总是惊人的相似，我们要善于去模仿之前的成功案例，从历史的成功中寻找下一次成功。

钢铁大王安德鲁·卡内基在1881年创办了卡内基兄弟公司，实现了童年梦想，并在19世纪末20世纪初，带领公司一跃成为世界上最大的钢铁企业，年收益额达4000万美元。在2009年，

《福布斯》公布"美国史上15大富豪"排行榜,安德鲁·卡耐基以2812亿美元位列第二。

他为什么能取得如此大的成就呢?他有极强的洞察力,也善于模仿一些成功的人士。他曾经模仿过"石油大王"洛克菲勒、摩根等其他成功取得过成就的人,他会去总结他们是怎么成功的、采用了什么方法得到结果。

有一次,他在欧洲旅行,到伦敦考察了钢铁研究所,仔细了解了伦敦钢铁产业如何发展、在钢铁制造中有什么好的工艺,也研究了钢铁中的运输和销售。在参观期间,还买下了道茨兄弟的钢铁专利——焦炭洗涤还原法的专利。

等回到宾夕法尼亚州,他不断复盘总结钢铁相关的内容和经验,利用买下的专利,模仿先进的技术,投身于钢铁厂的建设。在不断地模仿中,最终把自家钢铁厂做成了世界上最大的钢铁企业。

钢铁大王安德鲁·卡内基通过从成功中模仿,在美国工业史上书写了浓墨重彩的一页,用钢铁证明了自己的实力,并最终获得了成功。

有杰出成就的人,往往都善于从成功中找出成功的关键因素,然后去模仿,托马斯·梅隆也不例外。

梅隆家族是美国历史上的超级巨富财团,其首代家族企业缔造者托马斯·梅隆是如何从一个爱尔兰乡间男孩到创建出超级巨富财团的呢？

14岁时，他在乡间偶然间发现杰明·富兰克林的自传，并饶有兴趣地开始阅读，他看到了有杰出成就的杰明·富兰克林，于是想我该怎么才能做到，便默默记下了富兰克林成功的故事，挖掘成功的细节，并不断借鉴和模仿，不断模仿富兰克林优秀的特质：博闻多识、睿智果断等。

最终在家族的努力下，他建立起了以金融为主，涉及工业生产中的铝、石油、煤矿、造船、炼钢等上百个大企业的巨富财团，当其事业达到巅峰，建立银行大厦时，也未忘记树立一个富兰克林的雕像。

托马斯·梅隆善于向成功的人学习，并模仿借鉴获得成功，值得我们学习。

本节总结

1. 找到足够多的成功案例，从这些案例中分析它们的共同点。复盘之后要回顾你的复盘内容并寻找有结果的成功案例，从结果中找出共性，从共性中梳理出做事的方法，形成你为人处事的系统SOP（标准操作流程）。

2. 不断模仿这些成功案例，从成功中寻找下一次成功。找到足够多的成功案例，并不断模仿，从成功中寻找下一次成功。

10·倍·速·成·长

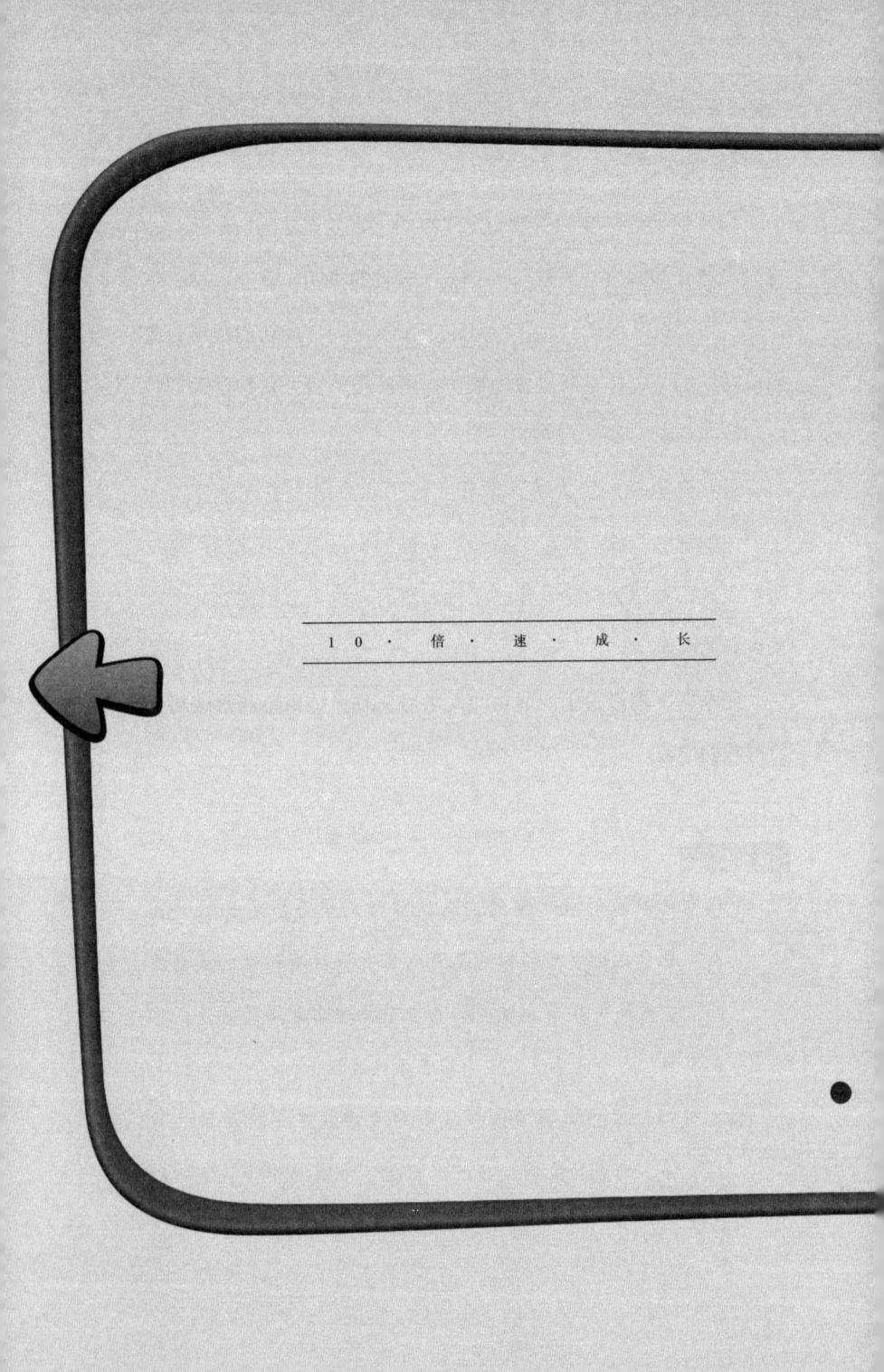

第四章
社交价值,平等交换
CHAPTER 4

重点链接

① 基于你的目标找到10个人。找到你要解决的问题,根据问题拆解,从而找到合适的人。

② 与这10个人密切保持联系。定期线上、线下联络,维持关系友好度。

③ 删掉其他与个人生活无关,且长时间没联系的人。定期查看好友名单,没有备注的、朋友圈低质量的都大胆删除。

有效社交

① 不必刻意维系和你没关系的大佬。很多业界大佬,如果跟自己八竿子打不着,那就没必要花费太多时间维系,这样交流也不会有压力。

② 珍惜和大佬见面的机会,第一印象很重要。社交的时机很重要,当你有一定的价值时再认识贵人,会比你一贫如洗时认识要好得多。

③ 和比自己快半步的人做朋友。和比自己高一级的人做朋友,他们会帮助你成就一个更高水平的自己。

提升价值

① 创造属于自己的代表作。每一个有实力的名人背后都有一个有分量的代表作支撑。在当今的个人IP时代,你也可以通过输出观点或提供服务打造个人品牌,以获得更高的社交筹码。

② 强化三大社交价值:分析自己的情感价值、资源价值以及信息,价值并尝试不断强化。

主动链接

① 通过一技之长和大佬合作。人类社会的本质是熟人小圈层的资源互换，在高净值人群的环境中社交，你将有更大概率获得优质机会，快速成长。

② 做大佬助理，学习大佬的思维方式。如果你还是一个普通人，做大佬的助理是让你可以最快提升的方法。

③ 付费加入大佬圈子。付费加入大佬圈子，可以学习到大佬的技能。

掌握分寸

① 学会共情，善于倾听，懂得尊重。在社交中，和大佬相处时，你要学会共情，善于倾听，深刻体会大佬现在的情绪状态，并肯定他的情绪，再帮助他解决问题。

② 利他，从对方角度思考问题，合作共赢，懂得让利。在人与人的交往中，利他意味着设身处地去为他人着想，这不仅降低了沟通成本，且起到了关系间的润滑剂作用。利他需要想象力和智力，要求你有能力理解另外一个人的处境，能想象从他人的视角所看到的东西。

③ 待人要真诚，要真诚地表达，敢于说实话。和大佬相处的过程也是一样，不要因为害怕自己的意见和大佬不一样，就不敢提出。批判性地看问题，敢于发表你深思熟虑的观点，并说服大佬。大佬身边不缺巴结他们的人，缺的是会说真话、能提出建设性意见的人。真诚地表达，敢于说实话。

重点链接：社交也要极简主义

我的同事李语，一直听说人脉很重要，所以她总是借各种机会加更多的好友。她认为加的人越多，机会就会越多。

但她问我，为什么加了很多好友之后，生活好像没多大变化？

我告诉她，你不一定要加这么多人，与其增加好友交往数量，不如提高好友交往的质量。我最近越来越相信"能量场"对人的影响，和运气好的人在一起，你的运气也会变更好。

她问为什么呢？

我说，一个人的运气和机会成正比，那跟这样的人在一起，他有好的机会肯定也会想到你。

我告诉李语，我微信只有30多位我认为值得结交的人，并以他们作为重点维护对象深度链接，交流思维认知，并定期约饭约聊，朋友圈里关于他们的消息也更能及时关注。我不再为无效社交所累，还省出不少时间精力做更重要的事。

她慢慢理解后，开始定期清理微信好友，比如没有什么交集的弱关系的朋友、超过两个月没有聊天记录的人、超过一定时间没有电话沟通过的人。

她不再为无效社交所累，还省出不少时间精力做更重要的事。

减少无效社交，根据你的目标，一年中重点维护能帮助你达成目标的10个人。

第一，基于你的目标找到这10个人。

美国杰出的商业哲学家，成功学之父吉姆·罗恩（Jim Rohn）曾经提出著名的密友五次元理论："与你亲密交往的5个朋友，你的财富和智慧就是他们的平均值。"

决定要不要和一个人社交，就看他能不能在一定程度上帮助你实现目标。

我每年都会给自己列出需要亲密接触的10个人，这10个人都可以从某个维度协助我完成今年的目标。

我今年需要出一本书，那我列出的这10个人中，需要有编辑、畅销书作者。我会在一年中花很多时间，去跟这10个人深度交流和探讨。而其他的饭局，我尽量都不参加。这样能让我更容易找到今年这一年的重点。

因为他们是我实现这一年目标的关键，所以我会在这一年去重点维护他们。

美国前总统克林顿还在上大学时，就已经有一个非常好的习惯。每当见过一个人，他就记下这个人的关键信息，用笔记本归档到一块儿，并按照行业、岗位和一些重要的能力梳理有序，如果和自己需求相匹配，就会定期地联系这些人。

当克林顿在牛津大学做一名普通学者时，在一次聚会中，见到一名叫杰弗里·斯坦普斯的学生，他便问了相关的基础信息——从哪里来，为什么会来到牛津大学学习？

杰弗里答道："我是富布莱特奖学金的交换生，来牛津大学进行交换进修。"克林顿便详细记录了这个学生的信息，接着询问其擅长的领域和研究的方向，发现他对一些政治问题的见解很独到，便经常和他一起约着吃饭。

后来，他竞选阿肯色州州长，也参考了杰弗里给他的一些建议。

他能够成功当选州长，离不开这些朋友给他的意见和帮助。

克林顿深谙社交的意义，他把重要精力放在了能帮助他政治前途的朋友身上，平时经常和他们加强联系，才能在需要的时候得到足够的支持。

现在不妨按照下表写出你要解决的问题，根据问题去拆解，从而找到你目标中的10个人。

表4-1 自测表—找到帮自己实现目标的10个人

自测：我该如何找到帮我实现目标的10个人？	
问题	回答
你目前想要实现什么目标？	
把目标拆解成可实施的步骤，每个步骤需要什么样的人帮助？	
你现有的微信好友/人脉圈子有拥有这些能力的人吗，具体有谁？	
如果没有的话，你可以通过什么渠道链接有这些能力的人？	
链接后，思考自己如何给他们提供价值，能提供什么价值？	

第二，与这10个人密切保持联系。

美国人科伯恩（Derek Coburn）在《社交无用》中分享了他认为更高效的社交方式，这个方式在短短18个月内，让他的收入增长了300%。

找到可以帮你实现目标的10个人，最核心的方法是：注重交往质量而不是交往数量。

那我是怎么具体和这10个人密切保持联系的？

我会经常关注这10个人的朋友圈，给他们点赞，了解他们最近有什么动态，还在评论区和他们互动，刷刷存在感。并留心他们的喜好，在约他们吃饭或者出来聚的时候可以投其所好。

像我有个朋友很喜欢玩赛车，我特意去了解很多车的知识，也学会看赛车比赛,这样我们有了更多共同语言,私交关系好了,他会将专业知识毫无保留地与我分享。

有的时候,我也会和他们发一样主题的内容,并分享一些我的感受,我也会留心他们最近有没有什么烦心事,看自己能不能提供合适的解决方案。像之前有个朋友的母亲生病需要做手术,我主动帮他挂专家号,预订了单间病房,也在恢复期间带着礼品去看望他的母亲。

而线下见面的频率我会保持在每个月1~2次,每次见面前我会列出最近困惑的问题,便于在聊天中穿插着提出。

只有深度的链接才可以给双方带来更多可能的发展。因为你链接的人不仅仅是在这个领域比你有更多知识,他还了解你的性格特点,知道怎样指导你在该领域脱颖而出。

现在不妨按下表问题,梳理一下怎么维系和目标相关的10个人。

表4-2 自测表—维系和目标相关的10个人

自测:怎么维系和目标相关的10个人?	
问题	回答
你是否了解这10个人的生活动态和习性?	
你是否经常关注这10个人的朋友圈?	
你和这10个人多久聊一次天,多久打一次语音/视频电话?	
你和这10个人线下多久见一面?	
节日中是否对这10个人有个性化的节日问候语?	

第三,删掉其他长时间没有联系的人。

2020年因疫情在家的几个月里,我少了很多社交与应酬,把更多时间用在和自己独处上。

在和自己相处的时间里,我意识到了一件事:原来人生最难的不是加法,而是减法。人类的本性就是贪多,能做加法的人很多,愿意且真诚地做减法的人很少。

我以前也希望加很多的好友,我是做自媒体内容的,在社交平台上,有很多认识的、不认识的人加我。最开始我觉得没什么问题,自媒体本来就需要更多的流量和粉丝,加我的人越多,说明我越有人气;跟大家交流越多,我越能链接到更多人脉。

但我后来发现现实恰恰相反,太多的好友对我而言是负担,人不是越多越好,太多的好友会导致我的朋友圈质量下降,当回那些无关痛痒的信息时,我就错过了那些我想看的人的重要信息。而那些无关痛痒的信息也开始让我变得疲惫和焦虑。

很多时候你不敢删人,可能是怕情面上过不去,也可能是怕错过信息和机会。但好友越多,信息越多,会干扰你的决策,让你忘记最重要的是什么。

你可以从今天开始,每天晚上固定20分钟做断舍离,删除那些和你没有关系的人。

对于没有备注的人问一下是怎么认识的、是否可以互相发一发自我介绍,也可以通过朋友圈看下人家是做什么的。对于长时间没联系而且经常发广告的人,就可以勇敢删掉。当你刷朋友圈时,看到广告以及你不感兴趣的低质量内容,也可以直接删掉。

当你花了一个月时间,每天固定20分钟删除这些无关且长时间没联系的人,你的朋友圈质量就会得到明显的提高。我们只有把有限的精力用在最重要的人身上才能产生更多的效益,对于只会消耗你时间的人可以大胆地删除。

现在不妨自测一下,目前的微信好友是否是必须联系的人?如果是与个人生活无关,且长时间没联系的人,可以考虑删除。

表4-3 自测表—筛选必须联系的人

自测:什么样的人是必须联系的人?	
问题	回答 (一到五颗星,一星最不符合,五星最符合)
他/她是否能帮你实现年度目标?	☆☆☆☆☆
他/她是否具备你所需要的价值?	☆☆☆☆☆
他/她朋友圈是否有高质量的内容?	☆☆☆☆☆
他/她在添加你好友时,是否有真诚地发自我介绍?	☆☆☆☆☆
你与他/她是否保持一定的沟通频率?	☆☆☆☆☆
你是否知道他/她的生活动态和现状?	☆☆☆☆☆
他/她是否在请教问题后,会向你正向反馈?	☆☆☆☆☆

之前看到过一篇文章,说人的一生平均能遇到2920万人。

你要学会去寻找对你来说有价值的人，努力与其保持联系，而对无效的关系，要及时地做到断舍离。

本节总结

1. 基于你的目标找到这10个人。找到你要解决的问题，根据问题拆解，从而找到合适的人。
2. 与这10个人密切保持联系。定期线上、线下联络，维持关系友好度。
3. 删掉其他与个人生活无关，且长时间没联系的人。定期查看好友名单，没有备注的、朋友圈低质量的都大胆删除。

有效社交：你不必跟大佬做朋友

当写书有些名气后，我有很多和大佬一起聚餐的机会，但我不会主动与对方合影以及要微信。因为这种机会是不大平等的，大佬高高在上，虽然并不会拒绝你提出合影的请求，也可能碍于情面给了你微信。

但然后呢？你把照片晒到社交媒体平台，只会换来一些点赞和互动，换来同圈子人的吹捧，可对你的成长没有实质性的帮助。大佬并不会记得你是谁，也和你没有什么交集。

在之前的一次聚会中，我认识了一个金融的大佬，互相加了微信，回去之后我也问了他一些投融资相关的问题，但并没有什么回应。再加上彼此之间没有其他的共同话题，我和他的关系仅仅停留在了朋友圈的点赞之交。

我这才明白，如果你和某个大佬现阶段没有价值交换，那认识的意义并不大。

那该如何和大佬有效社交？

第一，不必刻意维系和你没关系的大佬。

很多业界大佬，如果跟自己八竿子打不着，那就没必要花费太多时间维系，这样交流也不会有压力。

很多人觉得跟厉害的人当了朋友，也约等于成了厉害的人，所以常常"舔狗式"社交。这种"舔狗式"社交属于无效社交，因为你并没有得到什么价值。

我现在遇到一个大佬，第一反应是跟自己没关系。

有一次饭局，我认识一个演员朋友，拿过很多影帝奖项，出演的电影票房几十亿，同时在娱乐圈也被很多人追捧。但我是写干货类工具书的作家，我绞尽脑汁也想不出来，这次饭局之后，会和他有怎样的交集。

饭局上还有另外一位脑子很活的职场新人，他是个很有潜力的人，是做品牌的，恰好我也在做品牌，跟他交流之后，发现我们的理念比较相似，他也有一些自己钻研出的独特方法。我们互相加了微信，之后就品牌的问题我们相聊甚欢，而且也彼此表示有合作的机会，可以单独再线下约聊。

社交的意义是彼此提供价值，当遇到和你没关系的大佬，你无法提供价值，那就没有必要刻意维系。你应该把精力放在和你同频且能帮助你的人身上。

第二，珍惜和大佬见面的机会，第一印象很重要。

社交的时机很重要，当你有一定的价值时再认识贵人，会比你一贫如洗时认识要好得多。

1973年，美国心理学家卡尼曼和特沃斯基通过实验发现：当人们做决策时会不自觉地更重视最初获得的信息，简单来说就是先入为主。

卡尼曼和特沃斯基邀请了若干名实验者，把他们分成了两个小组，分别估计非洲国家占联合国席位的多少。首先两个小组的成员都会旋转面前的罗盘，得到一个0~100之间的数字，接着会被问及预估的比例和罗盘的数字哪个大。

第一组在罗盘中得到10，第二组在罗盘中得到65，第一组预估的数字平均值为25，而第二组是45。心理学家发现这些随机的数字对他们的预估有显著的影响，他们会将估计的数值确定在之前随机得到数字的范围内。

在经济学中，许多经济现象会受到锚定效应的影响，比如一家公司的股票价值是不确定的，在没有更多信息的时候，过去的价格就是现在价格重要的决定因素。商品定价也是一样，一个商品的新价格都会根据旧的价格来确定。

心理学上的锚定效应也同样应用在人际交往上，我们在对他人做出判断的时候易受第一印象支配。

所以你要珍惜跟贵人第一次见面的机会，如果你第一次见面没有展示你是一个高价值的人，之后也很难让贵人对你有所改观。哪怕后来你有些成就，别人也会觉得你是侥幸。如果你的贵人刚认识你时就觉得你在某方面很厉害，他注意到你，后续就有可能给你更多机会。

第三，和比自己快半步的人做朋友。

和比自己快半步的人做朋友，你能学到的东西可能会更多。

交朋友很难做到一次性从0到1，你可以先从0到0.5，再通过这0.5开始发力，来达到1。

假设C、B、A等级递增，而此时的你是C级，你去认识A级的牛人，想要获益或从中借力，那是没什么用的，A的知识、A的资源并不能让你直接变成A级的人。因为他们的境界已经比你高太多了，所以在跟这样的牛人进行接触与学习时，你很难跟上他们的境界与思维，那些越级的认知也很难被你理解吸收。

而B级的牛人认知高一些，但还在可理解的范围内，你也能快速跟上B的认知与思维，达到同频，最终慢慢地，你就会从C变成B，再去链接A，成为A。所以，去和比你快半步、高一级的人做朋友，他们会帮助你成就一个更高水平的自己。

学会和大佬交朋友是成功路上的必修课，但同时也要寻找值得你结交的大佬，把握好社交时机，珍惜与其相处的机会，学会在大佬身上获得价值。

本节总结

1. 不必刻意维系和你没关系的大佬。很多业界大佬，如果跟自己八竿子打不着，那就没必要花费太多时间维系，这样交流也不会有压力。

2. 珍惜和大佬见面的机会，第一印象很重要。社交的时机很重要，当你有一定的价值时再认识贵人，会比你一贫如洗时认识要好得多。

3. 和比自己快半步的人做朋友。和比自己高一级的人做朋友，他们会帮助你成就一个更高水平的自己。

提升价值：社交中具备核心价值

我上大学时，曾经为了拓展人脉，经常参加青年主题活动，每次活动前，都会按照惯例安排参与成员进行自我介绍，这时为了快速地展现自己，成员往往会给自己贴上标签，其中很多"看似优秀"的同学都会展示很多标签，以示自己兴趣广泛，好像十八般武艺样样皆会。但实际上，没有人可以样样皆精，天赋型人才极少，什么都会一点但不精通，某种程度就是什么都不会。

一个人如果找不到自己的社交标签，不挖掘自己的核心价值，就很难在社交场合让别人记住他。

那如何提升自己的核心价值？

第一，创造属于自己的代表作。

马克思说过："人的一切行为，都是为了利益的获取。"

核心价值和社交关系就像皮和毛之间的关系，皮之不存，毛将焉附。

挖掘自己的核心价值，最好的方式就是创造属于自己的代表作。

你的代表作有多醒目,你的社交筹码就会有多大。如果你做过的案例或事件到了人尽皆知的程度,你的社交筹码是非常强大的,随便出现在任何一个场合,都会有很多人慕名而来想找你合作,你自己就是一张行走的名片。你会有大量的项目机会,同时你再也不用为了社交而绞尽脑汁了。

纵观古今,那些流传千古、闻名于世的人,都有一个属于自己的代表作。

谈到李白,人人皆吟《静夜思》。

谈到莫言,记住的是他的代表作《丰乳肥臀》。

谈到贝多芬,想到的是《命运交响曲》所呈现的音乐风格。

谈到张国荣,想到的是"哥哥"和他的代表作《霸王别姬》……

每一个有实力的名人背后都有一个有分量的代表作支撑。在当今的个人IP时代,你也可以打造自己的"代表作"。

就像近几年知识付费特别流行,很多知识博主成功打造了自己的IP。

谈到罗振宇,我们会想到逻辑思维。

谈到秋叶大叔,我们会想到PPT教学。

谈到樊登,我们会想到樊登讲书,前段时间樊登读书会的估值达到40亿~50亿,而樊登本人在两年时间内就身价过亿。

这些人通过输出观点或者提供服务成功打造了个人品牌，所以他们可以具备更多的社交筹码。

美国著名作家哈伯德曾说过："要结识朋友，自己得先是个朋友。"

你对别人有价值，才能够获得别人反馈的价值。

想要建立高端社交，请先创造你的代表作。

我最初写过很多千万级阅读量的公众号爆款文章，所以我的价值就是我的文章，同时我的文章也是我的代表作。

我该怎么传递我的社会价值？

我不能向一个做金融的人说怎么写内容，也不能跟快递小哥聊内容心得。所以我在"在行"上接受咨询，这样想做内容的朋友就会来找我，跟我一起聊聊做内容的事情。这样下来，我就多了很多做内容的朋友。

有了自己的方法论后，我写出了很多的爆款文章，在不同的平台讲课，和更多的人进行互动，对自己的内容不断迭代。在内容禁得起考验后，我把所有的知识整理成书出版。

除了做书籍，我还做了短视频，做企业品牌，可以说我会每一种营销的玩法。我给自己贴了一个标签：吕白=爆款。让人看到爆款，便想到吕白。

有了这个标签后，很多互联网大厂的高管或多或少都听说过我，我也以此接到了一些市值几百亿公司的企业咨询。

正是因为我有了自己的代表作,才有更多的大佬认识我并愿意和我有更加深入的链接。

我在社交场面中跟他们有共同语言。大佬会主动询问跟我有关的话题,我们大多数时间都在聊怎么搭建一个品牌,怎么做出爆款内容。要不然就会遇到大佬们都在饭桌上聊金融,而你对理财知识一窍不通的尴尬场面。

这里的代表作不一定是一本书,只不过我是将我的经验总结成了书,更加直观。对于普通人,你的代表作完全可以是你擅长的某项技能、你可以帮助别人解决问题的一个领域。

比如,你在帮助大家提高行动力上有深刻的见解,就可以复盘关于行动的各个环节,如:时间计划管理、提升效率效能、专注力和注意力等。总结出一套你实践出来的方法论,提供一个切实有效的解决方案。而这个能帮助别人提升行动力的解决方案,就是你的"代表作"。你也可以给其他人提供保险知识、营养学减肥知识,这些都可以形成一个可实践并切实有效的方法论。

所以在社交关系中,代表作的形式不限于书籍、乐曲、文章,只要你能让大佬快速意识到你的价值即可。

第二,强化三大社交价值:情感价值、资源价值、信息价值。

我的一个高中同学在房地产公司做销售,每次同学聚会他都很少说话。有次饭局时，我们分享了最近的生活，我说："最近想投资深圳的房地产，大家有什么建议吗？"

他主动说："我在深圳做房地产销售，手头刚好有一些有较高升值空间的房源，我发给你看看吧。"

我这位同学高中毕业后就出来工作，在之后的交谈中，我发现他是个非常靠谱的人，对房子的价值判断也很有眼光。通过他的介绍，我之前购置的好几个楼盘，都有不错的涨幅。

在此之后，每当我身边有想在深圳投资房地产的人，我都会推荐这位高中同学，来来回回，帮他介绍了不少的客户。

我们每个人的工作本身都有价值，像我这位高中同学做房地产销售，就属于拥有信息和资源价值。

我们给人提供的价值，可以分为：情感价值、资源价值、信息价值。

1. 情感价值。跟这类人相处的过程很舒服，他们属于情商很高的人。需要倾诉的时候，他会安静倾听；需要分享喜悦的时候，他会激情赞扬。

这种价值是门槛最低，也是人人都需要的。从业界大佬到公司职员，每个人都有情感需求。

2. 资源价值。跟这类人交往可以帮忙介绍客户，提供工作机会，或者可以从他身上学习到很多东西，跟他交流受益很多。遇到什么难题总是第一时间就会想到他。

拥有资源价值的人，每个人都想跟他们交朋友，所以他们可以很快搭建自己的人脉关系网。

众所周知，金融行业最需要的就是人脉。人脉就是资源价值中最典型的代表。

投行面试的时候有个潜规则，会问："你父母是做什么的？"可能很多人会觉得莫名其妙，是我来工作又不是我父母找工作。但在投行面试中，这个问题却是见怪不怪。

因为大家都知道投行只会招两种人，一种是做事的，一种是有资源的。曾经有一个投行的高管透露，雇用一个有深厚金融背景的人选，担任投资银行部的地区总裁或总经理，预估一年能给公司带来数十亿美元的大额回报。这些有资源的人可能一年到头什么都不做就能分到上千万。投行确实需要花钱养着这些人，他们的存在，给公司带来了大客户。

3. 信息价值。信息差永远存在，我们不知道的事情，别人可能早已知晓。跟这类人相处，能获取最新的信息。不管是该行业的内幕，还是其他行业的最新资讯，他总能第一时间得知。

拥有信息价值的人，是非常受欢迎的。每个人都想得知新鲜的消息，因为信息就是价值。

早先我做公众号内容时，认识一个这样的人，什么明星八卦、社会现象等新闻热点，而他总能在微博热搜前得知。

做过自媒体的人都知道，不管是公众号、微博还是抖音，提前占领关键词、掌握一手的资讯有多重要。当别人到处打听一些零碎的信息时,他已经有了整个事件的全过程,可想而知,清楚地了解一件事的前因后果对读者而言是多么有意义。如果哪家媒体写出这样的文章大概率会成为爆款。

新鲜的热点意味着流量,流量意味着价值。

所以我总是有事没事问他,有没有什么最新的消息。在我们这个圈子里,他就具有信息价值。

现在不妨列举你拥有的情绪价值、资源价值和信息价值,并详述有什么是可以补足的:

表4-4　自测表—强化自我的三大价值

自测:如何找到并强化你的三大价值?		
你所拥有的价值	你需要补足的价值	你基于这个价值能给对方的价值
情感价值		
资源价值		
信息价值		

你的社交价值决定了你的社交筹码,尝试去打造自己的"代表作",分析并不断强化自己多维度的社交价值,能让你在社交过程中更值得信任与链接。

本节总结

1. 创造属于自己的代表作。每一个有实力的名人背后都有一个有分量的代表作支撑。在当今的个人IP时代,你也可以通过输出观点或者提供服务打造个人品牌,以获得更高的社交筹码。

2. 强化三大社交价值:分析自己的情感价值、资源价值以及信息价值,并尝试不断强化。

主动链接：合作、付费是最好的方式

前段时间参加了一个亲戚间的饭局，不少亲朋都来问我，怎么让自己的孩子快速成长起来，成为"人中龙凤"？

我回答他们：让孩子跟着厉害的牛人学习，他们会飞速成长的。

我给他们举了个例子，我一个朋友在最开始学习写作时，一直是自己摸索，一周写了100篇稿子，没有一篇过稿的。我告诉他，很多在自媒体行业成功的前辈，会开设自媒体写作的课程，教新人如何入门，比如有教如何做内容的、如何吸引流量的，可以根据自己的需要选择相应的课程学习。

他在学完一套完整的方法论后，很快有了第一篇过稿。

他兴奋地来找我："原来写文章都是有模版的，研究透了那些爆款文，你也可以写出流量很高的作品。"

几个月之后，他已经成为一个网站的签约作者了。

当你在某一些方面有需求时，向大佬付费能快速解决你的问题，从而带来成长。

如果你暂时提供不了大佬所需的价值，你可以通过付费与之产生更深度的链接。

第一，通过一技之长和大佬合作。

大佬只是在某一领域有较高的成就，但在其他方面他们仍然需要支持。如果你刚好可以满足大佬的需求，你就能和大佬合作。

前段时间29岁的清华大学本科毕业生去做大佬孩子的私教，年薪50万在网络引起一片哗然，大家纷纷表示教育资源浪费，她没有将所学回馈社会。也有人说"三百六十行，行行出状元"，就像北大学子卖猪肉也可以卖出名堂。

通过她的简历发现，她从2016年起，就在被誉为"中国第一豪宅"的汤臣一品中从事家政服务工作，之后也在其他的高端小区做过管家。名校背景，名企光环。

在私教老师的平台上，像这位清华大学毕业生的履历不在少数。许多人持有大学英语六级、教师资格证，或不同领域的专业证书，像葡萄酒品鉴师职业认证证书、钢琴十级证书等。

准确来讲，他们不是做保姆，也不只是管家，他们是高净值人群子女的私人家教，是为了提高其孩子的综合素质。

美国的很多富豪家庭也会招募高学历的私教老师，像Facebook的创始人扎克伯格曾公开招募会中文的私教，开的薪资是一年13万美金（约83万人民币）。

不得不说，他们选择了一条更"快捷"的路。

像一般的清北毕业生进入大厂或投行都需从基础做起，凭实力打拼至少得八到十年，才会有较大的跃升。如果你能通过一技之长，和大佬进行合作，当这些大佬孩子的私教，满足其孩子的优质教育的需求，相当于锁定了长期看涨的期权，你就有了无可替代的价值。

人类社会的本质是熟人小圈层的资源互换，在高净值人群的环境中社交，你将有更大概率获得优质机会，快速成长。

第二，做大佬助理，学习大佬的思维方式。

如果你还是一个普通人，做大佬的助理是让你可以最快提升的方法。

我的一位朋友，身为95后却已经身价过亿。她与众不同的点在于，别人刚进职场时，都是一门心思想进BAT和互联网大厂，她不一样，她选择给大佬当助理。

她给三位大佬当过助理后，便开始自己创业。她跟随大佬，从他们身上学到了很多高阶的思维和认知，链接到了很多她意想不到的人脉资源，这是那些在互联网大厂从零起步的职场人难以企及的，她的成长速度成倍地高于他们。而且她不光做事靠谱，还能为大佬分解任务，解决工作中的后顾之忧，大佬一有事情也会想到她。之后，她用大佬的方式创业，仅仅用了三年，就获得了成功，身价过亿。

就好比金庸笔下的张无忌，他的内功飞速提升，是因为在张三丰的亲身指点下，学了"九阳真经""太极剑法"；而不是作为普通的武当派弟子，只能跟着张三丰的徒子徒孙学习武当入门心学拳法。

给厉害的人做助理，你每天接触到的都是企业内部的重要决策与成功人士的思维格局，即使不能完全理解，耳濡目染下也能收获颇丰；在平凡岗位上默默努力，就只能接触到普通的认知与决断而收获平平。学到了普通人都懂的一些道理，成长到极致也依旧是普通人的水平；而和大佬学到的精髓，哪怕一点，都使人受益匪浅。

第三，付费加入大佬圈子。

知识付费的概念近几年非常火热，和别人聊天时，如果没有报几门知识付费课程，都觉得不自在。但课程的选择也是很有讲究的，内容是一方面，谁教往往更重要。就像中学时期课本都是一样的，不同老师讲出来的效果也是不同的，这也是为什么大家都想去名校，因为名校有名师。

当我们走入社会后也一样，我们要学到最前沿、有效的知识，跟随业界的头部工作者是最好的选择。

有很多大佬会分享他所擅长的专业领域知识，除了看他们自己的书，付费购买课程，和他们产生更深度的链接会更有帮助。

我有个朋友给自己定下一个目标，每年都要用收入的10%去学一项新技能。而学习最关键的一步就是要有反馈。他会在知乎、当当等平台搜索自己想要学习的技能，看头部推荐的导师和书籍是什么，优先找重合的导师，同时看看网友们的评价找到和自己需求更为匹配的导师，再报他的付费课程。

以2021年为例，他想要学做PPT，他先去当当搜索PPT教程，推荐榜上第一名是秋叶大叔的《说服力》，第二名是刘德胜的《高效办公应用，从入门到精通》。再去知乎搜PPT教程，发现很多人会推荐秋叶大叔，也有秋叶大叔自己的一些分享。看到了这么多背书之后，他最终也选择了报秋叶大叔的付费课程。

如果你暂时觉得自己没有什么其他价值可以提供给大佬，直接的经济价值也是可以的。而且经济价值有的时候也会更为稳定。

人与人之间的社交本质上就是价值交换，你需要让大佬看到你的价值，并尝试给大佬创造价值，这样你才有可能获得你要想的机会和资源。

本节总结

1. 通过一技之长和大佬合作。人类社会的本质是熟人小圈层的资源互换,在高净值人群的环境中社交,你将有更大概率获得优质机会,快速成长。

2. 做大佬助理,学习大佬的思维方式。如果你还是一个普通人,做大佬的助理是让你可以最快提升的方法。

3. 付费加入大佬圈子。付费咨询或学习,可以学习到大佬的技能。

掌握分寸：被你忽略的重要细节

我刚来北京时，还不太懂得社交礼仪，前老板带我和一位客户吃饭，我以为我表现不错，听得很认真，时不时还会点头，说话回应。

没想到，几个月后，我从别的同事口中，听说那位客户对我的第一印象并不好。

原来是因为我当时一直在无意识地抠弄手指，虽然我本无意，但是客户认为是对他的不尊重，所以留下了不好的印象。

细节决定成败，如果这是一次非常重要的合作，因为这一点小细节，造成了我不尊重对方的误会而错失这个机会，未免太过可惜。

如美国著名人际关系学大师戴尔·卡耐基所说："一个人成功的因素，归纳起来15%得益于他的专业知识，而85%得益于良好的社交能力。"好的社交能力，不仅是指你能和什么身份的人产生联系，同时也意味着你能够自如地处理你们之间的关系，让对方觉得和你相处很舒服。

所以，我如今非常注意自己在和别人相处时的细节表现，以前在这方面吃过亏，现在必须对它万分重视。

那在社交中，该如何培养社交礼仪，该注意哪些社交细节？

第一，学会共情，善于倾听，懂得尊重。

美国著名的金融巨鳄罗杰斯说过："所谓的共情是指站在别人的角度考虑问题，它意味着进入他人的私人认知世界，并完全扎根于此。"

想要做到共情，我们需要改变自己传统的沟通方式。像美国作者亚瑟·乔拉米卡利在《共情力》中说的，我们很多时候给出快速反应是基于错误的感知，我们没有用足够的时间去理解别人话语中真实的意义。

一般当我们和别人沟通时，方式可能就是问题、安慰、建议。

如：我父母总是打架让我很没有安全感。

问题：为什么他们会打架？

安慰：没关系，他们又不会打你。

建议：你有没有尝试去帮他们解决争吵？

但真正的共情是：理解别人的情绪+建议。

如：我觉得父母吵架是会让孩子很没有安全感，我可以理解你。或许你下次可以帮他们梳理一下遇到的问题，你觉得可以吗?

想要提高自己的共情能力,最重要的是要有画面感。比如大佬的公司遇到了什么问题,你可能很难产生共情,但如果你看到大佬的头发一夜白了或者掉了很多,你就能感受到他的痛苦。

如果大佬和你分享了什么事情,你要有想象实际画面和体会的能力,把大佬的经历在你脑海中重现,这样可以有效地提高共情能力。

在社交中,和大佬相处时,你要学会共情,善于倾听,深刻体会大佬现在的情绪状态,并肯定他的情绪,再帮助他解决问题。

第二,利他,从对方角度思考问题,合作共赢,懂得让利。

什么是利他?

1. 能够从他人的视角看世界。

2. 不胡乱评判他人。

3. 能够理解他人的感受。

4. 能够在理解他人的基础上建立起交流和连接。

在人与人的交往中,利他意味着设身处地去为他人着想,这不仅降低了沟通成本,且起到了关系间的润滑剂作用。

利他需要想象和智力,要求你有能力理解另外一个人的处境,能想象到从他人的视角所看到的东西。

他的生活是怎样的？

我若也成了这样的人，我会有什么经历？

比如，她自己一个人住，又要加班，住的还是巷子里的小单间，所以她独自回家会害怕，才会在包里放些防身器具……

因此，你会发现，有利他心态后，由于你正在体验他人的情绪，从而给他人带来价值，这会让他人觉得你相处很舒服。

那该如何做到利他？

1. 理解对方的语言。

站在对方的角度，中止个人论断，将自己的意见放在一边，同时学会理解对方的言语、行为和肢体。

缺乏利他能力的时候，人容易以己度人，会因于自身的情绪、动机，而导致沟通过程障碍重重。就如产品经理表达不清自己的诉求，理解不了程序员的用意；程序员不能理解产品经理的诉求，觉得他什么都不知道还在这里指手画脚……因此，要做到理解对方的"表面"语言，首先要让自己站到对方的立场，不带情绪地倾听。

2. 理解对方做事背后的动机和情绪，引导表达。

理解对方的情绪、情感和动机，去体验他人的感受。在对语言、肢体的理解的基础上，还有一层信息会让你的沟通事半功倍，那就是对方隐含的情绪和动机。

3. 想其所想，给其所要。

了解对方此时的痛点，给他最需要的东西。在团队沟通和产品设计中，团队领导者需要学会如何跟进项目进度和帮助团队成员解决执行项目的困惑和卡壳的地方。

我在带新同事熟悉工作时，就会先观察她是什么样的人，观察她在哪一个步骤还不熟悉，再想想自己之前刚入职时在这个环节所产生的疑惑以及希望得到的帮助，然后带着这种思考去和新同事沟通，想其所想，给其所要。

现在不妨自测一下你的利他程度有多少。

表4-5 自测表—你的利他程度

自测：你的利他程度有多少？	
问题	回答（一到五颗星，一星最不符合，五星最符合）
你是否会经常会站在他/她的角度考虑问题？	☆☆☆☆☆
你是否善于洞察他/她的情绪？	☆☆☆☆☆
你是否善于安慰处于糟糕情绪的他/她？	☆☆☆☆☆
你是否善于在他/她需要帮助时，伸出援手？	☆☆☆☆☆

第三，待人要真诚，真诚地表达，敢于说实话。

在和他人沟通的过程中，一定要真诚。

我曾经在一家公司做团队负责人时，遇到这么一个情况。在开会时，我们就业务问题展开讨论，我详述了团队下个季度的项目规划和一些想法，底下成员纷纷表示没有问题，但就在我打算合上电脑离开会议室的那一瞬间，角落里一个戴着眼镜、斯文的男生，站起来和我说："您稍等，我觉得在这个项目中某一个环节，您的计划有误，并没有考虑到底下人执行的困难，在目前的资源情况下，这个计划的目标无法达成。"

于是我重新打开电脑，核对了这个项目的情况，发现确实是我考虑不周，我便向那位男生提出问题："那您需要什么资源，计划上该如何调整？"会后，他整理出了详细的执行方案以及需要的资源支持。

之后，随着这个计划目标达成，也证实了他的想法没有问题，虽然是在会议的公众场合，但是他敢于发表不同的看法和观点，并对我提出质疑。抛开对错，我很认可这样主动提出不同观点的员工，如果所有事情都是根据我的想法，那员工只是在复制和执行我的观点，他们永远得不到成长的机会。

和大佬相处的过程也是一样，不要因为害怕自己的意见和大佬不一样，就不敢提出。批判性地看问题，敢于发表你深思熟虑的观点，并说服大佬。

大佬身边不缺巴结他们的人，缺的是会说真话、能提出建设性意见的人。真诚地表达，敢于说实话。

很多微小的细节决定了你的成败，在社交过程中，无论你有大的才能，都会要学会共情与尊重，保持利他心理，真诚待人并敢于说实话,这样才值得被认可与重用。

本节总结

1. 学会共情,善于倾听,懂得尊重。在社交中,和大佬相处时,你要学会共情,善于倾听,深刻体会大佬现在的情绪状态,并肯定他的情绪,再帮助他解决问题。

2. 利他,从对方角度思考问题,合作共赢,懂得让利。在人与人的交往中,利他意味着设身处地去为他人着想,这不仅降低了沟通成本,且起到了关系间的润滑剂作用。利他需要想象力和智力,要求你有能力理解另外一个人的处境,能想象从他人的视角所看到的东西。

3. 待人要真诚,真诚地表达,敢于说实话。和大佬相处的过程也是一样,不要因为害怕自己的意见和大佬不一样,就不敢提出。批判性地看问题,敢于发表你深思熟虑的观点,并说服大佬。大佬身边不缺巴结他们的人,缺的是会说真话、能提出建设性意见的人。真诚地表达,敢于说实话。

1 0 · 倍 · 速 · 成 · 长

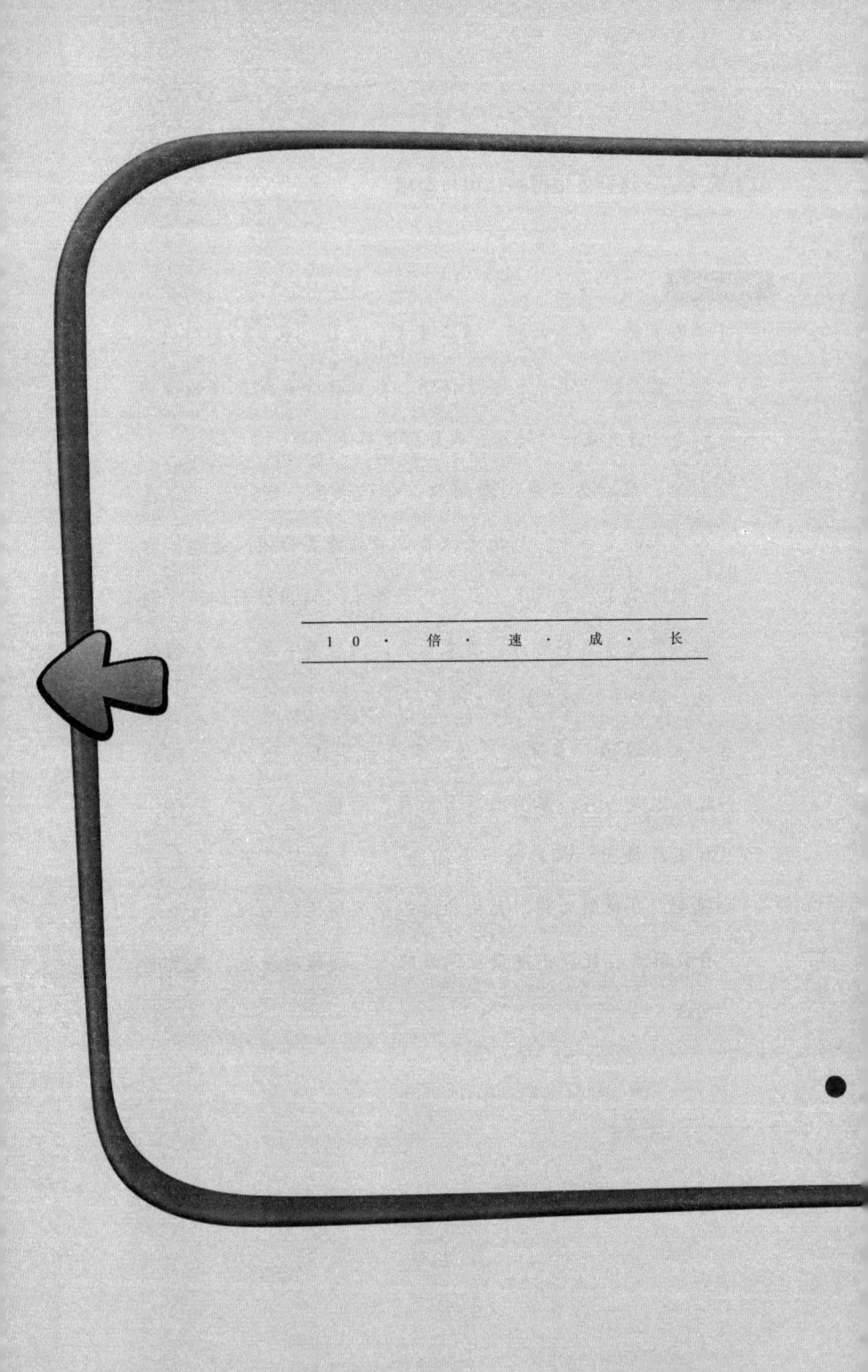

第五章
职场品牌，提升信誉
CHAPTER 5

个人品牌

① 你要有定位,有一技之长。你需要一项特别的技能,能帮人解决问题。别人在向其他人介绍你时,会不约而同提到你的某些特点和标签。你不是简单的个体,而是某个领域、解决某个问题的代名词。

② 你要让老板知道你有一技之长。你不能只闷声做事或者说默默低头做老黄牛,你要自己去介绍你的专长。从入职开始,你就可以把你的定位打出来,这样也利于你在职场中充分发挥自己的一技之长。

③ 你要通过实际业绩证明你的能力。老板最终是为你的产出买单,不是为你的光环买单。公司的诉求就是结果,考核的就是产出,一旦你有了高绩效产出,回报就不会来得太迟。

"复业"收入

① 思考你的主业都用上了什么技能。人一定要用自己擅长的事挣钱,这会让你副业的开展事半功倍。

② 思考未来你想在主业上发展,还需要强化什么技能。你所做的副业最好服务于你主业的发展。在你所分析的主业发展所用技能中选出你最需要培养的技能,选择副业时充分考虑它对这项技能带来的提升。

③ 寻找市场上可以强化你主业技能的兼职"复业"。永远记住,做"复业",第一是为了提升技能,第二才是赚钱。我们要关注的不是当下赚钱的多少,这只是很小的一方面,更重要的是,你要看你的"复业"能在未来长期给你增加多少收入。

④ 请你相信,这个世界上存在价值回归。价格不重要,它其实只是某段时间一个公司对你的低估或高估的一个数字,不是你的价值。人生一定要去多做一些能和自己价值有关的东西,因为价值回归才是常态。

事事回应

① 接到任务时先和老板确认需求和交付内容：明确需求，确保自己准确理解了任务内容；和老板商定截止日期，需不需要定期反馈项目发展；如果需要阶段性反馈，要确保每次按时汇报进度，并在最后及时交付完成的结果。

② 在行动过程中多同步进度：及时反馈你的进展，如果遇到困难尽早横纵向解决。

③ 明确在截止时间前完成交付：承诺必达，能不能按约定做好一件事真的很重要。

④ 站在老板角度思考问题：利用金字塔原理，结论先行，再讲原因和措施，从老板角度出发思考他们需要什么。

⑤ 就事论事，拒绝你的玻璃心：痛苦+反思=进步，遇到事情先反思，对事不对人，学会从问题和事件里反思出结论，避免下次再犯同样的错误。

做好A+B

① 超预期通常是指一件事物给我们带来预期收益以外的价值。

② 你可以从团队的目标、OKR、KPI里找到超预期的点，分析老板的目标是什么。拆解目标，分析影响目标的关键因素——哪些可能与你有关，你能做的是哪些。

③ 你也可以从公司需要优化的地方来找超预期的点，提前多想一步。把要优化的问题提出来，并给老板一个可执行的方案。

④ 你要记住，永远不要光提出问题。提出问题的过程中一定要有解决方案，要问题加方案，单纯提出问题的人没有任何意义和价值。

⑤ 你可以从老板和团队的吐槽里找到超预期的点。因为吐槽的内容就是对方最关心的东西，每天都挂在嘴边，如果你能解决这个问题就能提供超预期的服务。

认知管理

① 我会在搭建团队时做好人的挑选。招聘团队成员时，我只招0分或80分的人，不上不下50分的人最好不要，管理成本过大。

② 在团队管理上，我会重点奖励头部，全力培养中部，帮尾部认清自己。

③ 当老板一定要有领导力。做一个有领导力的管理者，你的方法要能让大家得到正反馈，能有好的结果。

个人品牌：职场非标品才更值钱

我算是一个跳槽比较频繁的人，工作几年换过几家公司。

我做咨询时，经常会接到求职咨询的个案，咨询者会问我跳槽求职应该要多少的薪资涨幅，怎么和老板谈判更合适。

虽说我每次都会先帮他们解答具体的问题，但我一定会多问几个问题：

你能不能让自己在职场变得更重要、更特殊、跟别人更不一样？

你什么时候可以不靠标准的跳槽涨薪来判断自己是否有价值？

职场上有两种人存在，一种叫"标品"，另一种叫"非标品"。

"标品"是你做着职场应做的工作，兢兢业业，按时上下班，按时晋升答辩，在什么样的年龄拿什么样的职级，在什么样的职级拿什么样的薪资。

我想起曾有个36岁的高速公路收费员说过："我的青春都

交给收费站了，我现在36岁了，啥也不会，我只会收费。"这句话在网上蹿红，很多人感慨，时代抛弃你的时候连声招呼都不会打。如果你太普通，时代就会抛弃你。

"非标品"则是你具备一技之长，甚至在职场有自己的品牌，别人提到你就会自然提到你的优势，企业雇主给你谈的薪资也是基于你的能力，而非年龄、职级。

要想成为"非标品"一定要有自己的职场价值，寻找定位，放大优势。

第一，你要有定位，有一技之长。

你需要一项特别的技能，能帮人解决问题。别人在向其他人介绍你时，会不约而同提到你的某些特点和标签。你不是简单的个体，而是某个领域、解决某个问题的代名词。

让自己具备独特的职场价值，可以思考你是否有自己的品牌，也就是异于其他人的长处，比如：

你PPT做得很好，擅长汇报和演讲。

你文案策划写得不错，适合梳理工作。

你喜欢组织活动，可以在团建策划上多出点力。

你做计划很有条理且能落地，可以站在更高角度帮助领导。

你技术代码写得好，而且还很心细，可以一起测试功能性能。

……

除了一技之长,你要多关注能提升你能力的事情,没有能力的人才会在意很多无关紧要的事情。如果你有能力,有自信解决一些问题,很多条件对你而言就不重要了。比如有些人爱耿耿于怀,觉得自己是个专科学历,没有获得一些东西,但如果你能把自己的职场技能发挥好,老板不会拒绝一个真正能为他解决问题的人;还有很多人认为自己跳槽过度频繁了,所以公司不愿意再雇用,我依旧觉得是能力原因,因为在绝对的能力面前,很多问题都不是问题。

第二,你要让老板知道你有一技之长。

要让老板看到你的能力,比如通过入职介绍、周会展示、朋友圈发动态等,无论用什么方式,都要让你的老板知道你的一技之长。

你不能只闷声做事或者说默默低头做老黄牛,你要自己去介绍你的专长。从入职开始,你就可以把你的定位打出来。比如说我在入职的时候,无论是简历环节、面试环节还是在部门自我介绍环节,我都会告诉他们吕白等于爆款。我做过哪些事情。我有过哪些爆款的成绩。

这样一来,无论是老板还是公司的同事,都会知道我的专长,于是我也有更大的发挥空间,在自己擅长的领域不断做出成绩，也因此得到了认可。

第三，你要通过实际业绩证明你的能力。

老板最终是为你的产出买单，不是为你的光环买单。

刚进入一家公司，你应该干劲满满，前期一定要证明你的价值，向老板证明你的能力，这样你才能少走很多弯路。如果你浑水摸鱼，过着做一天和尚撞一天钟的日子，不说等日后被公司优化，你宝贵的成长时间也会被浪费。

我最早在国内头部新媒体公司时，期间一整年，我没有做任何自己的事情，全部时间都是在沉淀自己，因为我深刻知道我自己现在不值钱，我需要跟着团队学习，我需要努力证明自己的能力，把更多精力放在工作上。后来，我离职以后，用自己所学的内容做了一门写作课程，这门课程成了爆款，看起来它是那段时间的产出，其实它是我一年多的沉淀和积累，正是因为那一年我愿意扎实做好公司的事，我才变得越来越值钱。

把自己的事变成团队的事，把自己融入团队中。尤其是在初创团队中，创始人一般希望招聘的是有合伙人潜质的人选。自我成长的基础是先输入，再输出。而且，你要疯狂输出，要了解方法论，要了解各种各样的东西，尝试各种模式。别人不愿意干的活儿你可以干，因为最后你一定会发现其实那些别人不愿意干的活儿，都能让你更好地输出。

从某种意义上而言，老板和员工是不应该对立的，他们应是合作关系。如果员工能理解老板大部分的用意，那这个员工大概率也能成为一个老板。而对于老板来讲，员工在为我做事的同时，也朝着自己理想的目标靠近。我的事业完成的同时，他也有不断的自我成长，哪怕苦点累点，他会想到这是为了自己的目标在努力奋斗，而不仅仅是为了生活或者为老板打工，结果就会是双赢。

我每次招聘都会问一个问题：两年以后，你想成为什么样的人啊？他会描述下自己想成为什么样的人。我问那假如你入职我的公司以后，你觉得我在什么地方能为你的目标服务，或者说你觉得我能为你这个目标做什么？我会根据他告诉我的信息给他安排一些能实现他目标的岗位和任务。

你只有真正认同这种核心价值观念，沉得足够深，扎的根足够深，未来才能有更多资本生长。

女性企业家董明珠也曾在年轻时候经历过很灰暗很底层的时刻。

1990年，36岁的董明珠来到珠海，成为格力一名普通的业务员。其实，36岁已经是很多人开始放弃奋斗的年龄，但是董明珠的格力职业生涯才刚刚开始。她最初接到的任务和她的原本业务无关——被派去安徽负责追回当地经销商拖欠的42万元欠款，该欠款是前任员工遗留的问题，欠债公司老板认为是格力的产品不够好导致货物卖不出去,所以迟迟拖欠货款。但这是董明珠的任务,她把公司的事当自己的事,要不回货款就不罢休,所以每天从早到晚到对方办公室堵人,即便这样也依旧见不到老板。

坚持很多天后,她的真诚打动了对方公司的员工,以至于那边的老板一回到公司,员工们就会偷偷给董明珠通风报信。老板也耐不住她的毅力,最后同意归还了等值的货物。追回这批货物,董明珠总共花了40天,她激动地对欠债人说:"我这辈子都不会跟你们这种公司合作了。"

这仅仅是董明珠在格力的起点,后来很多次,她都选择与格力站在统一战线,把自己和公司融为一体,比如有一年公司的高层集体被竞争对手挖走,唯有董明珠经受住了诱惑,坚持留在格力,此时的她才在格力待了四年,因此,她也获得了上层的信任,和总经理朱江洪的关系也越来越好,后来两人还成了黄金搭档。1994年,董明珠成功晋升为副总经理。

每个人都可以跟着公司一起成长,只要你判断你选择的是一家好的公司。在这个团队里,你的诉求是学习,那你就应该先付出,因为公司的诉求就是结果,考核的就是产出,一旦你有了高绩效产出,回报就不会来得太迟。

所以,在职场中,你要找到并发挥出你的一技之长,要通过一些方式让老板看到你的一技之长,再通过你实际业绩的产出来证明你的一技之长能为公司创造价值,成为这样的职场"非标品",你才更值钱。

本节总结

1. 你要有定位,有一技之长。你需要一项特别的技能,能帮人解决问题。别人在向其他人介绍你时,会不约而同提到你的某些特点和标签。你不是简单的个体,而是某个领域、解决某个问题的代名词。

2. 你要让老板知道你有一技之长。你不能只闷声做事或者说默默低头做老黄牛,你要自己去介绍你的专长。从入职开始,你就可以把你的定位打出来,这样也利于你在职场中充分发挥自己的一技之长。

3. 你要通过实际业绩证明你的能力。老板最终是为你的产出买单,不是为你的光环买单。公司的诉求就是结果,考核的就是产出,一旦你有了高绩效产出,回报就不会来得太迟。

"复业"收入：要做"复业"而不是副业

我认识的一个朋友，主业教英语，但老师的基本工资也不是很高。

为了提高自己的收入，她想了一招可以做副业的方法——下班后开网约车。

因为工作朝九晚六，所以她给自己算了一笔账，每天晚上七点到十点在北京最繁华的地段开三个小时网约车，一天能赚几百，这样下来一个月就能增加过万的收入。

她以为自己选了一个适合自己的副业，其实不然，因为每天开车晚，导致休息不好，早上上班经常迟到，到了工位后也没有什么工作的激情，因为都被副业给耗尽了。

我问她，为什么不考虑做一个和主业相关的副业呢？"你教英语，副业却非要选择去跑滴滴，这能不累吗？"她说自己找了网上说的副业方式，家里正好有辆车，所以就这么做了。

这几年，副业越来越火，很多营销号都在鼓吹要靠副业养活自己，随便一搜"副业"都是学生党、宝妈轻松过万。但是，很多人都理解错了副业。

大家对于副业有一个非常大的认知误区,你不应该做一些和自己行业、工作、优势无关的副业,你应该做和你领域相关、具备优势的"复业"。

第一,思考你的主业都用上了什么技能。

在下表中你可以对主业所用到的技能进行一个自测:

表5-1 自测表—会计所用的技能

自测:你的主业用上了什么技能?		
你的主业	用到的硬技能	用到的软技能
例:会计	财务专业技能	商业思维;沟通能力

人一定要用自己擅长的事挣钱,比如我是做新媒体的,副业可以是写书,因为我做新媒体有很多施展的经验,有施展的能力与案例,所以在这方面我出一本书就会比较权威,同时这对我来说也不是什么难事。

第二,思考未来你想在主业上发展,还需要强化什么技能。

你所做的副业最好服务于你主业的发展。在你所分析的主业发展所需技能中选出你最需要培养的技能,选择副业时充分考虑它对这项技能带来的提升。

以开头的教英语的老师为例，更加合适她的"复业"应该是做翻译，因为做"复业"的过程也有益于她主业的发展，这样才能让她的主要技能提高。

第三，寻找市场上可以强化你主业技能的兼职"复业"。

永远记住，做"复业"，第一是为了提升技能，第二才是赚钱。我们要关注的不是当下赚钱的多少，这只是很小的一方面，更重要的是，你要看你的"复业"能在未来长期给你增加多少收入。

因为时间是不可逆且不可再生的，而金钱能够再生，很多厉害的人都意识到了这个问题，所以他们不太在乎钱，而是非常在乎时间。时间的最大利益化反而能够带来更多金钱，时间每消耗一秒，就少一秒；但你可能多花10块钱，能赚来100块钱。

想发财，一定要把"小农思想"从自己骨头里面一点点剔除，剔得干干净净，你要知道时间比钱更重要。当你发现时间比钱更重要时，就会慎重挑选一个合适的"复业"来增加你的未来收入，而不是浪费当下时间去做一些和主技能完全无关的事情，毕竟，有些弯路你本可以不走。

第四，请你相信，这个世界上存在价值回归。

你人生里，会有很多个被高估或低估的时刻，一家公司特别需要你时，它会给你一个高估的金额；但一个公司没有那么需要你时，可能会给你一个低估的金额，这是常态。

你要关注的是价值而不是价格。

我去平台的核心目的是为了让自己更值钱，让自己更值钱的本质是让自己价值更高，而不是价格更高。我选择降薪去腾讯，首先是因为我觉得自己没有大公司的思维，我想学学大平台是怎么想的。因为之前我更多是在个人创造，一些产出都是我个人的能力，跟平台没关系；等到我后来做平台以后，发现成功有自己能力的部分，同时也有平台的关系。

所以我在制定平台规则和生态的过程中，又重新理解了平台与内容创作之间的关系，也就是通过内容创作，利用平台的不同时机，去高效地获得自己想要的东西。

价格不重要，它其实只是某段时间一个公司对你的低估或高估的一个数字，不是你的价值。人生一定要去多做一些能和自己价值有关的东西，因为价值回归才是常态。

永远不要因为短期的价格迷失了自己。任何一份工作都只是你人生很短暂的时刻，你不可能在一家公司里干一辈子，你只要知道这份工作、这个公司能带给你什么价值，什么收获，什么启发，这才是你最应该在意的。

我从腾讯离职时，我已经得到了我想要的价值，慢慢地，我的价格会跟我的价值统一，我涨薪的幅度也非常高。

因此，建议你多关注价值，去一个能提升你价值而非仅有价格的团队。特斯拉创始人马斯克说过，想要做成一件事情，就要跟一群足够优秀的人一起工作。因为当这个世界上的天才都在为了一个目标而奋斗的时候，没有什么事情解决不了，即使这个目标看起来很荒诞。

本节总结

1. 思考你的主业都用上了什么技能。人一定要用自己擅长的事挣钱，这会让你副业的开展事半功倍。

2. 思考未来你想在主业上发展，还需要强化什么技能。你所做的副业最好服务于你主业的发展。在你所分析的主业发展所用技能中选出你最需要培养的技能，选择副业时充分考虑它对这项技能带来的提升。

3. 寻找市场上可以强化你主业技能的兼职"复业"。永远记住，做"复业"，第一是为了提升技能，第二才是赚钱。我们要关注的不是当下赚钱的多少，这只是很小的一方面，更重要的是，你要看你的"复业"能在未来长期给你增加多少收入。

4. 请你相信，这个世界上存在价值回归。价格不重要，它其实只是某段时间一个公司对你的低估或高估的一个数字，不是你的价值。人生一定要去多做一些能和自己价值有关的东西，因为价值回归才是常态。

事事回应：承诺必达的靠谱交付

谈恋爱中，经常会听女生说我想要安全感。安全感是什么？安全感就是感觉事情是确定和可控的。

职场也是一样，老板交给你一件事去做，你就需要给他足够的安全感，你说今天做完就必须做完；说今天给到就一定要给到。但凡有两次你出现了不够靠谱的情况，别人就会觉得你这个人不够靠谱。如果你即使生病了不太舒服，仍然能够按照自己给定的期限交付结果，那么他就会认为，到了关键节点的时候，你是值得托付、不会找不到的人。

如果我把工作给你，把业务给你，每天还要提心吊胆焦虑进度，要担心这个事能不能完成，那你永远不会升职加薪，如果公司优化，你一定是最早被优化的那一波人，如果你做不到靠谱，你就不配在这里待着。

那么，怎么做到靠谱交付、事事闭环呢？

第一，接到任务时先和老板确认需求和交付内容。

老板发布任务时，最想要的是你及时完成并交付结果。

但通常会有这么一个问题：老板发布任务的需求不一定清楚，或者他认为自己讲清楚了，但你因为缺少信息背景导致对需求理解不到位。

所以这个时候，你可以做这么一个动作：

接到任务的员工应该做什么？

1.明确老板的要求，并告知老板自己完全理解任务内容，让老板放心。

2.和老板商定截止日期，需不需要定期反馈项目发展。

3.如果需要阶段性反馈，要确保每次按时汇报进度，并在最后及时交付完成的结果。

第二，理解需求后在行动过程中多同步进度。

多跟老板同步进度，有什么困难及时跟老板同步，你可以寻求帮助或借调资源，只要你能说清楚原因，老板都不会拒绝你。

但如果最后你没有完成任务是因为你没有找老板，老板会来非常严厉地指责你。

第三，明确在截止时间前完成交付。

不要拖延，不要拖延！

不要给自己找各种理由解释为什么没完成。

如果在沟通需求时双方对于截止时间没有异议，那你应该拼尽全力在截止时间前交付你的工作结果，哪怕加班加点、寻找别人求助，但千万不要在截止时间没完成时告诉老板这件事你还没做完，然后给出一些你的主观因素。

承诺必达。

你的职场筹码是有限的，这样的事情发生一两次后，老板对你的信任度就会大打折扣。

假如你做了十件靠谱的事，领导会觉得你很可靠，但如果有一件事你没有做好，领导就会对你产生怀疑。一个扣分的项目会比十个加分项目还要影响你的可信度，想要给领导留下靠谱的印象就要保证每一次都能按时交付。

国际创价学会会长池田大作曾说过：工作上的信誉是最好的财富。没有信誉积累的青年，非成为失败者不可。

如果你对一个任务没有把握，可以在一开始就说明原因，让领导可以找其他同事负责或者协助你完成，一旦答应了就要按时完成。因为如果你接下了任务却没有按时交付，整个项目的进度会被耽搁，最后难堪的会是自己。

第四，交付汇报时，站在老板角度汇报重点。

汇报工作时尽可能节省老板的时间，帮助老板在有效的时间内获取最关键、最重要的结论。

巴巴拉·明托在《金字塔原理》一书中强调要用金字塔思维来工作和与人沟通，"金字塔原理"是一项有层次、结构化的思考、沟通技术。我们思考问题时通常以前因后果的思维顺序来思考，但金字塔原理提倡一种以结果为导向的思维模式，结论先行，先说清楚结论、结果，再阐述原因和你的动作。因为在很多场景下人的时间与注意力是有限的，而人通常更看重的其实是事情的结果。

第五，学会就事论事，拒绝你的玻璃心。

很多职场人士特别容易玻璃心，别人说他两句他就会立刻郁闷，觉得全世界都针对自己，实际上，别人说的两句话都是无意的。如果你有玻璃心，肯定走不远。

不要认为努力就会得到相应的回报，你需要付出的是正确的努力、高效的努力，如果你的回报未到，不要第一本能反应是抱怨公司不好，抱怨老板没有识别自己是千里马，而应该先反思是否是自己的问题，如果是自己的问题应该怎么解决。

再者，如果真的遇到和你不太投缘的同事，也太正常了，大家不是来职场交朋友的，都是来做事情的。在职场你只需要对你的老板负责，你不需要对你的同事负责，不需要对你身边的人负责。只要是一家正常的还要盈利、上升的公司，基本上都是以你的个人能力为核心的，只要你的个人能力特别厉害，你不用太考虑同事感情关系，他不喜欢你很正常，因为你可能触碰了他的利益，你们存在竞争关系。不要活在别人世界里，勇敢做自己。

稻盛和夫说：**职场不需要无谓的情绪。即使你抱怨再多，受到的委屈再多，当下最要紧的一件事还是先把工作做好，把工作做好之后再去发泄情绪、调整心情，这才是一个成熟人该有的心态。**

作为两家世界500强的创始人，稻盛和夫在其《六项精进》最后一节讲"**不要有感性的烦恼**"。漫漫人生中我们会遇到很多的挫折，有些打击可能不是短期就能过去的，痛苦的回忆也不是可以轻易放下的。但越严重的事情，我们越要敢于面对，深刻反省，积极寻找解决方案。

桥水基金创始人达利欧在《原则》中说："痛苦+反思=进步。"

更好的方法是：承认事情已经发生，积极寻找解决方案，遇到事情先反思，学会对事不对人，学会从问题和事件里反思出结论，避免下次再犯同样的错误。

本节总结

1. 接到任务时先和老板确认需求和交付内容：明确需求，确保自己准确理解了任务内容；和老板商定截止日期，需不需要定期反馈项目发展；如果需要阶段性反馈，要确保每次按时汇报进度,并在最后及时交付完成的结果。

2.在行动过程中多同步进度:及时反馈你的进展,如果遇到困难尽早横纵向解决。

3.明确在截止时间前完成交付:承诺必达,能不能按约定做好一件事真的很重要。

4.站在老板角度思考问题:利用金字塔原理,结论先行,再讲原因和措施,从老板角度出发思考他们需要什么。

5.就事论事,拒绝你的玻璃心:痛苦+反思=进步,遇到事情先反思,对事不对人,学会从问题和事件里反思出结论,避免下次再犯同样的错误。

做好A+B：永远给老板超预期服务

《穿普拉达的女王》电影里有一个片段，很好地诠释了什么叫作**"满足对方深层次需求"**和**"超预期"**。

当时尚女魔头要求女主安迪找《哈利·波特》未出版的手稿，只是因为她的双胞胎急于知道下面的故事时，安迪先是愤怒和抓狂。

"到哪里去找？""为什么要我去找？"

她耗尽全力找人找资源，无果。就在要放弃准备辞职不干的时候，先前在酒会上认识的作家朋友给她带来了手稿。

安迪在期限的最后一小时回到办公室，女魔头问她一份手稿怎么让两个双胞胎看，她说她已经打了两份。当被问手稿在哪儿时，她说，已经送给在火车上的双胞胎了。

女魔头略显惊讶地抬头看了她一眼，这是她第一次正眼看女主，心想这个女孩不简单。

超预期通常是指一件事物给我们带来的预期收益以外的价值。对于老板而言，他所下达的工作任务是他认为你能创造的价值,你想要升职加薪,一定要做好A+B,A是你的分内工作,B是你的超预期部分。能有预见性,能提前一步想到上级或老板的需求,这是本事。

我刚入职场时,曾经觉得自己业绩特好,但最后我并没有升职加薪,反而是一个业绩不如我的人升职加薪了。为什么呢?因为他不光把自己手里的工作干完了,还帮老板把这个部门的一个目标给详细拆解了,并且告诉老板目标实现路径。

后来,我自己开始管理团队后,更明白了一件事,一个老板是不需要一个员工只做好分内事的。考核是分等级的,如果你把本职工作做得非常好,你可能只会拿一个B+等级,这叫做好分内事,就是完成了对你的工作预期;如果你想达到A及以上,那就意味着你不仅要做好自己的分内事,还要去分担一些可能原本不属于你,但是对你的部门非常重要的事情,甚至一些脏活累活,那些你的边界以外的事情,这些事你做了才有升职的机会。所以,老板评绩效时,首先会把最高的绩效给最厉害的人,他解决了部门的关键问题,对商业指标能够起到比较大的作用;其次会给一些业绩较好,和老板关系亲近的人较高的绩效;之后才会分到业绩正常,与老板关系也一般的人。至于业绩不好的人,用不了多久就会被淘汰。

所以,首先一定要做好自己的本职工作,这是公司给你发工资要求你履行的基本义务,如果你连自己的本职工作都做不好,公司会把你开除。但是，如果你只把自己的本职工作做好，也很难升职加薪，你需要再思考其他问题，思考如果你作为领导，除了现在的工作做完，你还希望员工做什么工作，比如探索业务未来的方向？你们公司里的某个长期盈利的指标，你能不能达到？

A+B的本质是你把本职工作做好了，还做了一些你本职工作以外能让老板超预期的东西。不是说你当了领导以后你才应该做领导的活儿，而是说你先做了你领导的活儿以后，你才能有可能去当领导。这是员工获得提拔的原因。

举个很形象的例子，下雨的时候，你打的车准时到达接你，你不会给他好评，但如果网约车不光准时到达，司机还拿着伞把你从屋檐下接到他的车上，你一定会觉得很温暖，情不自禁给他这个好评。

再比如，酒店的基础任务是让你有一个睡觉环境，做好分内工作就是为客户提供一个好的睡觉环境，但现在很多酒店会有不少增值服务，也就是它们所提供的超预期服务：开设游泳馆、健身房满足你的个人兴趣；提供接送站服务降低你的交通成本；供应饮品、小吃提高你的住宿体验。这些超预期服务投入的成本其实并不大，但因为这些不在你的预期之中，所以能带来更强的满足感。

那我们在职场上应该如何寻找B，怎么找到可以超预期的点呢？

第一，你可以从团队的目标、OKR、KPI（关键绩效指标）里找到。

你可以分析老板的目标是什么，比如老板的目标是今年要做一个亿的营收，你可以拆解这一个亿，分析影响一个亿目标的都有哪些关键业务，哪些可能与你有关，你能做的是哪些？

公司的盈利分为两个方面：直接销售增加收入，内部控制减少支出。你看下自己是属于哪个部门，可以做什么为老板节约。比如你是做审计的，你的职责是间接帮老板省钱。你可以看看过往的审计报告，平均每年为公司节约多少钱，再看看今年的业务线，预估一下做什么可以为老板降低更多的成本，并交给老板一个策划案审核你的方案是否可行、有什么要调整的。

第二，你也可以从公司需要优化的地方来找，提前多想一步。

在工作过程中，你会发现很多地方是可以优化的、可以做更好的，可能老板暂时没有看到这个点或者当下没有办法解决这个点，那你可以把这个问题提出来，然后给老板一个可执行的方案。

第三，你要记住，永远不要光提出问题。

提出问题的过程中一定要有解决方案，要问题加方案，单纯提出问题的人没有任何意义和价值，因为问题谁都会提，关键在于你能不能解决。"老板我觉得最近有这么个问题，我这里有两个方案您可以看一下。"这才是最好的一个表达方式，是在职场上最好的升级方式。

第四，你可以从老板和团队的吐槽里找到。

老板可能会吐槽最近哪个业务不太行，销售的转化率过低，说者无心，听者有意，你可以从吐槽里找，因为吐槽的内容就是对方最关心的东西，每天都挂在嘴边，如果你能解决这个问题就能提供超预期的服务。

比如老板开会的时候说最近大家工作不够积极，效率不够高。你可以看看是不是公司的绩效考核做得不够完善，或者看看监督的执行者是否公平。当你发现问题所在后，要为老板想好如何解决，像提出新的绩效考核方法等。

彭蕾作为阿里巴巴的资深副总裁，因"支付宝背后的女人"而闻名。

作为对技术一窍不通的首席人才官来说，在支付宝岌岌可危时，她被任命为支付宝CEO是一个看似不可能也不合适的挑战。在传统观念里，我们普遍认为管理支付宝的人一定是一个技术很强、金融专业知识很扎实的人，而不是彭蕾这样人力资源背景、对技术不懂的人。

第五章 职场品牌，提升信誉

彭蕾上任后，做了两件关键的事：

第一，把支付宝P8以上的核心团队拉到酒店封闭开会，每个人面前一打酒，一边喝酒一边聊天，等到大家都放松后，彭蕾就让各位同事一股脑把建议、牢骚、不满都发泄出来。也正是因为这场酒局，彭蕾找到了支付宝致命的问题，这场酒局后，支付宝逐步打开了局面。

第二，她收集了普通员工尤其是职场新人对支付宝的看法、去贴吧看客户的吐槽贴，然后把问题分门别类，一件件整改好。

终于，在彭蕾的带领下，2018年4月，支付宝用户达8.7亿，成为全球最大的移动支付应用。

相信阿里巴巴的很多人才都有提出问题的能力，但像彭蕾一样能把所有问题整理成一个文件，并一个个提出解决方案的实属难得。

本节总结

1. 超预期通常是指一件事物给我们带来预期收益以外的价值。
2. 你可以从团队的目标、OKR、KPI里找到超预期的点，分析老板的目标是什么，拆解目标，分析影响目标的关键因素——哪些可能与你有关，你能做的是哪些。
3. 你也可以从公司需要优化的地方来找超预期的点，提前多想一步。把要优化的问题提出来，并给老板一个可执行的方案。

4. 你要记住，永远不要光提出问题。提出问题的过程中一定要有解决方案，要问题加方案，单纯提出问题的人没有任何意义和价值。

5. 你可以从老板和团队的吐槽里找到超预期的点。因为吐槽的内容就是对方最关心的东西，每天都挂在嘴边，如果你能解决这个问题就能提供超预期的服务。

认知管理：成为卓有成效的管理者

猎豹移动CEO傅盛有一个认知相关的文章系列——"认知升级三部曲"。

里面有句话我非常认同：**"这个时代，管理不是执行管理，不是组织结构管理，而是你比别人更理解一件事情。管理的本质就是一种认知管理。"**

已经有非常多95后开始登上时代舞台，包括我自己。

作为一名年轻的管理者，我发现当下的团队管理再也不像以前那样管制度管架构就好了。管理者最应该管的其实是团队成员的认知，你是否是一个好的管理者，就看是否有效帮助你的成员提升了认知，一般来说，认知提上来了，团队业绩就会不错。

腾讯总裁刘炽平曾说过："互联网就像是一部武侠片，很多时候一群人都打不过一个武林高手。一个项目的成功往往也是因为某个出众的认知体系，从而引导整个团队走上巅峰。"

联想集团创始人柳传志曾说过一句话，被企业界认为是至理名言："办企业就是办人。"

那我是如何做管理的？

第一，我会在搭建团队时做好人的挑选。

我招人只招0分或80分的人，因为零分的人，他什么都没有错过，好培养，你说什么他们就听什么，他们甚至还会因为某件事没有做得和老板说的一样，反思是不是做得还不够。他每天都会反思，通过反思他会把老板跟他说的这些路径尽力达成，至少能完成70%~80%。至于80分的人，他自己是有一个预判能力的，你跟他说一件事以后，他能举一反三，但现实是80分的人其实不太好招，所以一个团队更多是招一些0分的选手，他们是白纸，是可塑造的。

为什么不招50分的人呢？因为他会有很多自己的想法，他会把自己的想法加到任务里面去，他会把自己的理念不自觉地放到里面去，使得这个事情可能只做到30分，连50分都达不到。

怎么判断合适的0分的人？看他对成功有没有渴望。之前有个朋友给我讲了他们之前招聘销售的故事，有一位销售说话有口音，普通话非常不标准，本人还比较内向，但后来这位销售成了销售冠军。

这个朋友的微信昵称叫"人生要渴望一次成功"，她给人的感觉也非常渴望成功，一旦有了这种渴望，她会非常努力地去工作，干出一番事业，达到一定业绩。她会有动力克服成功路上的阻碍，比如口音问题，她能通过文字交流来解决，所以说这并不是大的问题，最重要的，一定是这个人对成功有渴望。一个人未来成就的高低和他现在的年龄、职业、学历、工资都没有关系，取决于他内心真正的渴望。

也许你在面试时，也经常被问到未来想成为什么样的人，这个问题回答起来可能会很空很虚，但是面试官通常是想判断你这个人跟这个岗位的未来发展需求是不是一致，因为他们需要考虑人员的稳定性和候选人对成功的渴望。

如果是面试一个做短视频的岗位，你告诉面试官未来想成为短视频行业里非常成功的一个人，你有着怎样的规划，面试官会认为你和这个岗位是很匹配的，因为你对短视频行业有热爱有热情。

相反，如果是没有规划、觉得什么都差不多的人就不合适录用，面试官普遍会认为面试者没有成就动机或者没有规划。一个连自己将来要干什么都没有想好，怎么指望他能去想公司的业务？

第二，我在团队管理上，会重点奖励头部，全力培养中部，帮尾部认清自己。

老板都会给自己的员工排序，写下员工在他心里的位置，就算没有明确写出来，脑子里也会有一个人员表——他是最好的，他得第二名，他第三名……

对于最好的头部员工，我的建议是不需要过多干涉，平时多给予实际鼓励和口头激励，因为头部员工自己的产出表现不错，你不一定知道是什么原因让他有这么优秀的成果，一旦你干预了，可能会影响其中某个关键因素，反而导致结果变差。

对于中间的员工，我会给予全力培养，对他们进行大量培训，期待他们向头部员工学习，成为头部。

对于一些末尾的，尤其是对自我认知不清，自己不知道自己干得不好的末尾员工，我会郑重地和他沟通，让对方清楚自己现在干得不好，接下来只会给予多长时间或几个项目的机会，如果还是没有起色就趁早结束合作。

第三，当老板一定要有领导力。

领导力不是说因为你比别人级别高，因为你是领导，你就能随意命令别人按照你的方式去做，因为很可能他们碍于你的权力、地位而被迫屈服听你的话，实际心里并不情愿。真正具备领导力的人，是别人按照你的方式去做了之后能得到正反馈，这样你就有了使人信服的能力，别人愿意听你的。

领导力的关键是带着团队打胜仗，你的方法能让大家得到正反馈，成员能获得进步。

一将无能累死三军，没有不好的员工，只有不好的领导。

如果你不懂业务，不懂方向，不懂策略，那你要做的就是充分放权，让懂业务、有能力的下属展示能力，而不是不懂装懂，假装指点江山，这样的公司走不远的。

本节总结

1. 我会在搭建团队时做好人的挑选。招聘团队成员时，我只招0分或80分的人，不上不下50分的人最好不要，管理成本过大。
2. 在团队管理上，我会重点奖励头部，全力培养中部，帮尾部认清自己。
3. 当老板一定要有领导力。做一个有领导力的管理者，你的方法要能让大家得到正反馈，能有好的结果。

10·倍·速·成·长

第六章
利用杠杆,知行合一
CHAPTER 6

杠杆原理

① 杠杆可以撬动更多的发展机会：给自己加杠杆，成为某个新行业的领军人物，比在大行业慢慢打拼更强。

② 杠杆可以带来更大的致富概率：给财富加杠杆，买入资产让钱生钱。

认知变现

① 机会从来都存在，每年都有，每时每刻都在出现，只是能否抓住取决于你的认知有没有到位而已。你永远赚不到你认知以外的钱，你的财富是对你认知的一个客观的展现。

② 你可以多关注赚钱的项目来培养财富认知，多关注赚钱的项目，并在较早的时候进入该领域抢占先机，有时候一个不起眼的尝试，也许会成为你人生的重要转机。

③ 你可以多阅读财富相关的书籍来培养财富认知，在财富书籍中研究成功的商业案例，从中总结共性，从而指导你财富增长的方向。

④ 你可以把爱好变成赚钱的事情，我的一些有经济实力的朋友，认知高于常人，且非常擅长把自己的爱好变成赚钱的事情。一个通过做豪车租赁赚到钱了，一个靠做建材生意打开当地市场赚到钱了。

理财技巧

① 好公司才能保证你不亏钱。龙头公司一定是好公司，龙头股意味着它一定会涨，因为股票有非常强的马太效应，头部会越来越厉害，强者恒强。

② 在合适的价格点买入。了解你将投资的行业和领域，观察市场走向，无惧市场的动荡，选择你看好且有潜力的公司，在合适的时间和价格买入。

③ 长期持有。你要找到一些好公司，然后长期持有，这样你才能收获公司的最高价值。作为普通人，除了炒股，也可以选择买基金，选对基金经理，设置智慧定投，长期定投也不失为一个好的投资策略。

知行合一

① 知行合一：王阳明先生在《传习录》中有阐释："未有知而不行者。知而不行，只是未知。"意思为：没有知道而不去做的人，如果知道而不去做，那就是不知道。

② 你要找到你人生最核心的几条原则，砍掉无用的多余的"知"，记录整理出你的原则笔记：通过多读书、找机会和大咖交流、从生活中找珍贵的原则这几种方法去找到属于你的原则。

③ 定期回顾你的原则笔记，严格遵循并执行你的原则：在原则笔记中加上遵循原则的情况，来监督自己是否遵循了自己定下的原则。

④ 先完成再完善：在未完成之前苛求完美，只会让一切停留在未完成状态。

杠杆原理：致富的最佳核心密码

我最近玩了一个模拟投资的游戏。

游戏初始，我是一个"打工人"，拿着几千的固定薪资过着每天要为柴米油盐酱醋茶烦恼的生活。逐渐地，我会遇到一些投资项目，但项目金额远远超过我的本金，我可以选择贷款，但风险太大，这时我只能通过一些步骤让自己先升职加薪，积攒更多的本金。

接着，系统会给我分派一些工作，当我的钱更多以后，我会遇到一些小的投资项目，比如朋友创业筹股10万元、买入部分金条等，这其实是给自己的财富加杠杆，不久后就能带来10%~20%收益。在我的日子过得还算不错时，我很快又面临了小孩出生和医疗大额花销等问题，甚至还失业了。我倒抽了一口气，这个游戏充分反映了普通人在现实中会遇到的种种挑战。

事实证明，普通人想要突破阶层，只拿一份不确定性的工资是万万不行的，你需要给自己加杠杆，给财富加杠杆，而且杠杆要尽可能多和大。

杠杆本质上是一种工具，物理杠杆可以省力，而广泛地看，杠杆即一种用小的资源撬动更大价值的工具或者方法，能为你减少成本。这里的资源可以是时间、精力、资金，在合理点的投入会带来比其本身对应的更多价值，这种价值除了物质财富，还有机会与成就。

第一，杠杆可以撬动更多的发展机会。

人生就像是一个搜集门票的过程，你去了一所名校，搜集到这个名校的门票，拥有了一些优质的资源和人脉；你进了腾讯工作，搜集到腾讯的门票；你就读长江MBA，也就意味着你收集了一张商学院门票；你出了一本书也是搜集了一张门票，这本图书能帮你放大影响力。

人生发展的核心在于你要搜集足够多的门票，这种高质量、有门槛的门票越多，意味着你越厉害；越难拿到的门票越多，意味着你的发展空间越大，你的收入也会越高。

但是，获得门票是有时间、精力、金钱代价的，如何才能降低拿门票的代价？

这就需要用到杠杆原理，你需要有一个杠杆来减少你的付出。

我认识的很多新媒体"大V"，在进入新媒体行业前都是普通人，包括我自己。他们想认识行业大亨十分困难，因为大佬不需要我们。如果从一个传统的公司或行业开始做的话，认识大佬需要多长时间呢？差不多需要十年，而且还需要足够聪明，足够努力。

但是，在当下时代，他们选了一个好赛道，弯道超车，这个赛道叫新媒体，叫公众号，叫短视频。这些领域崛起以后，他们就成为这个赛道里的领军人物。

一旦你成为一个行业的领军人物，哪怕这个行业不大，哪怕这个行业没有多大的影响力，你也可以因此触碰到其他行业的领军人物，因为你们已经是一个级别的了。

这就是杠杆，用不同的名号、头衔、作品给自己加杠杆，拥有足够多的社交筹码，你才有机会接触到更高层级的人。

第二，杠杆可以带来更大的致富概率。

花钱可以分为两种：买入负债，买入资产。什么意思？

负债是需要从你口袋掏钱的东西，比如你还需要还贷款的自住房、自用车；资产是可以让你钱生钱的东西，比如你租出去的汽车，你投资的某个赚钱的项目，有稳定收益的某只基金。

只有买入资产，增加杠杆，才能让你越来越有钱。

房价的疯涨是近几年的一个热门话题。大多数人在买房的时候无论有钱没钱都会进行贷款，对有些人来说贷款不是因为买不起一套房，而是用首付的钱去获得一套更高价值的房屋，剩下的钱就足够再贷款买一套甚至多套房,或者把钱拿去做其他的投资。房价上涨带来的价值增长通常是远大于银行贷款利率的,用一小笔钱能享受更大的财富增长,这就是在利用杠杆实现资产增值。

之前认识一个房地产中介经理,其出色的业务能力让她在从业几年内有了不少积蓄。跟她交流的时候她吐槽说高额的月供让她有点喘不过气来,我本还在感慨大城市的生存压力,后来才知道她已坐拥好几套房产。做房地产销售这几年,她对她业务范围内的房源了如指掌,挑选好核心地带的优质房源,用她和她丈夫攒下的积蓄不断贷款买房,看似要偿还的贷款数额很高,但随着这几年房价的上涨,她买下的房子的价值总额已经是一个惊人的数字了,这是她再怎么辛勤工作也赚取不到的。

不过现在多数人都在反对房价上涨,认为其使用价值本应该是第一位的。利用杠杆实现资产增值的方式远不止买房,合理的投资对于我们的财富积累来说非常重要。

本节总结

1. 杠杆可以撬动更多的发展机会:给自己加杠杆,成为某个新行业的领军人物,比在大行业慢慢打拼更强。

2. 杠杆可以带来更大的致富概率:给财富加杠杆,买入资产让钱生钱。

认知变现：你赚不到认知外的钱

我曾经觉得自己错过了非常多的赚钱机会，后来我发现，还有更多的机会在等待我错过。比如2020年特别火的特斯拉，2021年很火的一些A股和指数基金，都是几倍、几十倍地增长，只是因为我不懂，我没足够的本金，所以我抓不住。

我有一个朋友，创业公司老板，每年能赚五六百万，但工作起来也特别拼命特别累。后来，他靠买特斯拉的股票，赚了几千万。我当时也买了特斯拉股票，但我只买了20万，而且我在特斯拉涨了差不多两倍的时候直接抛了，所以我赚得不多，本质就在于我对股票没有认知，我从没见过这样的财富机会，我不相信一个股票能翻这么多倍。而我这位朋友，在资本市场待了很多年，尽管股票已经翻了很多倍，他还在持有。因为他有足够的认知，所以当机会来临的时候，当它就摆在面前的时候，他能抓住，而我不能。

所以，机会从来都存在，每年都有，每时每刻都在出现，只是能否抓住取决于你的认知有没有到位而已。

如果你的认知到位了，赌了其中的一两个机会，你可能就能富一辈子。

如果你没有足够的认知，当机会来临的时候，就算你抓住了，也赚不到钱，因为你不知道什么时候撤离；而且，凭运气挣的钱，凭本事亏完，而且一定会加倍地凭本事亏进去，最后让你倾家荡产。

你永远赚不到你认知以外的钱，永远，永远，不可能。

你现在有多少财富，某种意义上而言，对应着你有多少认知。

比如同样做公众号，惯用思路是自己原创一些内容编成一些文章，然后接广告变现赚钱，但是有个阿里出来的大佬，他不止做一个公众号，他做一整个矩阵，矩阵里有九百多个账号，然后卖给了上市公司，卖了20多亿。同样是在做一门生意，同样做公众号，但人家就能用商业思维做到这么优秀。

那为什么我们不能呢？因为我们还没有商业思维的认知。

我们不知道原来公众号也可以这么赚钱，我们不知道原来公司除了上市以外，还能卖掉，做到一定营收以后再卖给上市公司更赚钱。这是我们不知道的，因为没有见过所以不懂。但那个大佬是在大公司里工作过的，他见过很多朋友用这个体系赚过钱了，所以他自己能做成这个事。

所以，你的财富只是对你认知的一个客观的展现，认知到位了你才能挣到这个钱，要不然在同样的行业、同样的情况下、同样的风口来临时，如果别人的认知领先于你，那别人也能挣到比你多数倍的财富。有人挣1万元，有人挣100万元，有人挣一个亿，都是认知决定一切。

如果你现在达到了一定的认知水平，但是没有拥有财富，相信我，它迟早会到。人的一生只需要富一次。你所有的机会、积攒一生的人脉、用尽你一生积累的各种各样的认知，就为了等这一次的机会。

如何培养这样的认知？

第一，你可以多关注赚钱的项目有哪些。

每个时代甚至每一年里都有对应的风口，会有很多赚钱的机遇随之而来。很多人都是看到别人赚到钱后才意识到这些机会，却已经错过了最好的时机，只能眼红。

你可以多关注收益较好的新项目，并在较早的时候进入该领域抢占先机，有时候一个不起眼的尝试，也许会成为你人生的重要转机。从曾经的微商，到如今的自媒体，每个赚钱的机会在最开始都不被看到，但发现其背后价值的人，早已因此获得了巨大财富。

第二，你可以多阅读财富相关的书籍。

给大家推荐四本必读的财富类书籍：

第一本《富爸爸，穷爸爸》：这本书教会了我们什么叫资产，什么叫负债——能往你口袋里放钱的叫资产，从你口袋里掏钱的叫负债。

第二本《小狗钱钱》：这本书告诉你，不要只想着你要赚钱，你要住大房子，你应该想清楚你要赚多少钱，住多大的房子。

第三本《滚雪球》：这是巴菲特唯一认可的个人传记，这本书向我们揭示了一个首富诞生的过程——一个穷小子因为相信了复利的力量，几十年持之以恒地做一些事情，最后取得了成功。

第四本《穷查理宝典》：这本书指导我们要多元地看待这个世界，如果你的思维模型是个锤子，你看这个世界就都是钉子，那么你对世界的认知和你的决策都是不客观的。

阅读财富相关的书籍，重点是学习其中的思维。富人和穷人有一点最关键的差别就是思维角度和模式不一样。从富人的角度去看问题，能培养你更全面的思维能力。

在这些书籍中你可以了解并研究一些成功人士的案例，虽然一个人的成功有很多偶然的因素，但很多底层逻辑是可复制的。你可以从他们的历程中总结共性，从而指导你财富增长的方向。

第三，你可以把爱好变成赚钱的事情。

我认识很多特别有意思的有一定经济实力的人,他们的认知高于常人,且非常擅长把自己的爱好变成赚钱的事情。

我有个朋友特别喜欢车,他知道买车如果不是为了公司避税,那也没有必要买太多。

但他又确实特别喜欢车,遇到什么车几乎都能第一时间说出它的型号、款式、价位。

怎么办呢?他非常聪明地做了一个生意——豪车租赁俱乐部。

他买了一些二手车,把老车翻新,装修内饰,尽可能满足自己的需求,靠朋友推荐转化了第一批客户,然后又搭建了平台做了一整套系统。他的朋友圈每天就晒各种各样的豪车,用很低的成本来为自己挣钱。这是我见过的一个非常有意思的思维。

还有一个朋友,他之前是做建材生意的,但在南方发展遇到很难打开市场局面的问题,所以他想了一个办法。想要打开人脉资源就要有一定的社交筹码,所以他花了500万购买了一辆二手的劳斯莱斯,第一是为了抵扣公司的税,第二,他天天开这辆车接当地友商会的一些朋友,一来二去,大家都觉得这个这小伙子不错。不管是哪位企业家,只要他们一下飞机,他就会开劳斯莱斯接机然后送到目的地,既帮友商会的老板赚了面子,也表明了自己是个真诚待人的有实力的人。

后来,他把建材市场打开以后,就把自己的车卖了,虽然有折损,但折损也才50万左右,而他靠这辆车带来的收入可不止50万。所以大佬的厉害之处在于他们能把一辆在普通人那里是消费品的车,变成一个价值交换品,这就是很优秀的富人思维。

本节总结

1. 机会从来都存在,每年都有,每时每刻都在出现,只是能否抓住取决于你的认知有没有到位而已。你永远赚不到你认知以外的钱,你的财富是对你认知的一个客观的展现。
2. 你可以多关注赚钱的项目来培养财富认知,多关注收益较好的新项目,并在较早的时候进入该领域抢占先机,有时候一个不起眼的尝试,也许会成为你人生的重要转机。
3. 你可以多阅读财富相关的书籍来培养财富认知,在财富书籍中研究成功的商业案例,从中总结共性,从而指导你财富增长的方向。
4. 你可以把爱好变成赚钱的事情,我的一些有一定经济实力的朋友,认知高于常人,且非常擅长把自己的爱好变成赚钱的事情。一个通过做豪车租赁赚到钱了,一个靠做建材生意打开当地市场赚到钱了。

理财技巧：相信专业的理财经理

前段时间网上兴起了很多小白理财课——手把手教你如何从月入3000到拥有10万存款的课程。

现在网络除了教我们怎么赚钱，也更多地开始教我们怎么理财。毕竟所有的实业的创始人到最后都会把钱投入金融业，让钱生钱才是最舒服、安稳的方式。选择好理财方式，就是有了长期的被动收入，我们也有更多的时间去做自己想做的事。比较理想的生活方式是通过自己的行业攒到第一桶金，然后用理财放大已有的存款，从而实现财务自由。

巴菲特有一句话："别人疯狂时你恐惧，别人恐惧时你疯狂。"

买股票第一点是找到一个好公司，第二点是在合适的价格买入，第三点是长期持有。

第一，好公司才能保证你不亏钱。

只要长期持有，无论什么价位买入，你都有可能挣钱，只是挣得多少的问题。

怎么样才能找到一家好公司，如何判断它是不是好公司？

龙头公司一定是好公司，比如说A股的龙头是茅台，港股的龙头是腾讯，美股龙头是阿里，我只投龙头股。龙头股意味着它一定会涨。因为股票有非常强的马太效应，头部会越来越厉害，强者恒强。我只相信第一，因为第一讲的是未来的故事，第二名讲的是第一名的故事。头部的公司卖的是未来十年的故事。为什么特斯拉的产值远远不如一些传统的车企，股价却一度过高呢？因为特斯拉卖的是未来的概念，现在全球都在禁油牌，特斯拉新能源车就是未来。

第二，在合适的价格点买入。

当一家好公司面临困难时，股价也会相应进入较低点，如果你能判定这个困难不会对该公司产生毁灭性打击，可以考虑买入它的股票，价格较低，亏损风险较小，如果公司恢复正常运转，你的收益空间会很大。

当然，你也不能专门去赌陷入困境的公司，不然承担的风险会很大。在选择低价买入时，需要充分考虑该公司的历史发展情况、经营现状以及未来发展空间，低价购入的应该是有潜力而不是摇摇欲坠的公司。

巴菲特曾说："市场就像大赌场，别人都在喝酒，如果你坚持喝可乐，就会没事。"

你应该充分了解你将投资的行业和领域，观察市场走向，无惧市场的动荡，选择你看好且有潜力的公司，在合适的时间和价格买入，即使它现在价值没得到体现，但请你相信时间的复利。

第三，长期持有。

好公司比垃圾公司值钱很多倍，有的人喜欢买小盘股，比如一支小盘股可能是5块钱，散户觉得很便宜，但其实它们大概率会赔，你要找到一些好公司，然后长期持有。

为什么要长期持有？因为即使是好公司，它们短期的股价、短期的走势连它们的创始人都不知道。腾讯的几个创始人从来都从来没有在高位套现过，无论是马化腾还是其他一些高管，他们卖的时候都不是腾讯公司股价最贵的时候。所以说你要长期持有，才能收获公司的最高价值。

巴菲特之前在2012年的时候买入了比亚迪，当时比亚迪股价只有6块多，但巴菲特买入后股价涨到了60多，很多人就说巴菲特不愧是股神。

2014年，比亚迪股价暴跌，巴菲特却继续持仓不动，于是出现了说巴菲特"廉颇老矣"的声音。又过了一段时间，比亚迪的股价涨到了300多，巴菲特选择继续持有。此时的声音就变成了"姜还是老的辣"。接着比亚迪股价又变成了100多，大家又开始说巴菲特"贪婪"，10倍多收入都不卖，在这样的声音中，比亚迪的股价又涨到了好几百。

巴菲特的价值投资观点就是找一个好公司并长期持有，用一个很低的价格买入，然后持有十年以上。

其实，炒股是一件非常费心费力费时的事，你需要做大量的研究来学习理论基础，对普通人而言太麻烦。而且，脱离仓位的涨幅都是耍流氓，你买一万块钱的股票，涨幅100%，也只是赚一万块钱，所以，如果你没有那么多本金，买基金是最好的选择。

任何时刻，你都要相信专业的力量。在你不专业的时候，只需要找到这个行业里最专业的人，要么和他一起去做点事，要么为他付费，要么就成为他的股东。

作为普通人，我们最应该做的事情就是把你的钱交给最专业的人。所以你可以买基金，找到中国最优秀的基金经理，成为他的股东就够了，因为基金经理他们是靠炒股活着的，他们的工作就是买基金，为你服务，为你挣到钱，这是他们的职业诉求。

买基金最核心的就是选对基金经理。

不要看他一年的涨幅或两年的涨幅，因为一两年的涨幅可能是因为押中了某个板块的一个股票，这种涨幅是不科学的。你要找投资5年~10年的基金老将，而且他管理的基金的收益率还稳定在一个值。

定投方式也有策略，我的方式是两周或一个月定投一次，并且选择智慧定投，系统会参考一个均值曲线，如果系统发现今天的估值比均值曲线要低，它会买入更多，如果发现比这个估值更高，它就不买入或少买入。比如我前段时间买的招商白酒的基金，我发现设置智慧定投以后，三个月没有扣我一分钱，因为它发现这个价格已经高于历史的最高水平，2021年的白酒股已经涨到了之前没有涨到过的水平，已经是被高估了，所以系统不会再扣我的钱买入份额。

本节总结

1. 好公司才能保证你不亏钱。龙头公司一定是好公司，龙头股意味着它一定会涨，因为股票有非常强的马太效应，头部会越来越厉害，强者恒强。
2. 在合适的价格点买入。了解你将投资的行业和领域，观察市场走向，无惧市场的动荡，选择你看好且有潜力的公司，在合适的时间和价格买入。
3. 长期持有。你要找到一些好公司，然后长期持有，这样你才能收获公司的最高价值。作为普通人，除了炒股，也可以选择买基金，选对基金经理，设置智慧定投，长期定投也不失为一个好的投资策略。

知行合一：人类并不是理性动物

李意先是一个刚进入大学的大学生，他勤奋好学，渴望成长，他在暑假来临之际，给自己买了很多书，为暑假学习知识做铺垫。

他也加入了很多知识付费社群，去听一些垂直领域的大咖分享，也会利用一些机会去线下参加座谈会和分享会。总之，他不放过每次学习的机会，他认为大学一定要多长见识，只有拓宽了自己的知识边界，才有更多可能。

但当我问及他："你花这么多时间和精力学习了这么多知识，你有沉淀出方法论吗，你能把你学的知识完整且有逻辑地分享出来吗？"

他被我问懵了，瞬间感觉自己学的这些东西，只是停留在了脑子层面，并不能完整输出；和别人分享时，也只是基于自己的感性，想到什么分享什么，而做不到系统分享；同时只是简单理解了某个知识点，而没有真正做到。

其实有很多和意先一样的人，学到的道理很多，也很受用，并让自己的认知拓宽了,增长了见识,但是懂得并不透彻,只是表面理解,而没有真正实践过。

陆游在《冬夜读书示子聿》说到:"纸上得来终觉浅,绝知此事要躬行。"

意思是说:从书本上学来的知识,是不够完善的,较为浅显的,如果想深入理解其中的内涵和道理,必须要亲自实践才行。

所以,我们对于知识以及做事的方法,不仅要知道,还要做到,做到知行合一。

关于知行合一,王阳明先生在《传习录》中有阐释:"未有知而不行者。知而不行,只是未知。"

意思是:没有知道而不去做的人,如果知道而不去做,那就是不知道。

所以,真知必然能行,否则就不是真知。

知行合一是世界上最难做到的事情,这句话就和"听完很多道理却过不好这一生"很像。因为很多人只是听完很多道理,但并没有去做,所以听完很多道理过不好这一生是很正常的,知道和做到完全是两回事。

其实我觉得人生中能让你成功的朴素道理就那么几条,只要你深度理解并认可执行,坚持以后,你的生活肯定比现在要更好,但很多人因为各种原因坚持不了。如果你坚持下来,会发现成功的道路根本不拥挤。

那关于知行合一，该怎么做呢？

我最近总结和反思了我的生活，对于生活中各种因素，我看了很多书，总结出我的生活原则，并按照这些原则去执行。也正是因为坚持执行这些我深刻理解并认可的原则，我的生活越来越好，也比同龄人走得快，和五年前相比，我的身价翻了55倍。

第一，你要找到你人生最核心的几条原则，砍掉无用的多余的"知"，记录整理出你的原则笔记。

我前几天读了《原则》这本书，作者提到人们总认为自己是理性的，其实不然，人类的本性是感性的。人生有很多原则，每次要处理某件事情的时候，你都应该先看看自己的原则是什么，然后基于你的原则去推导你的动作。

那怎么找到能指导你生活的原则？

1. 多读书，多去读古今中外的名人传记以及一些帮助认知成长的工具书。

比如读《史蒂夫·乔布斯传》《毛泽东传》《邓小平时代》，看看厉害有成就的人，他们是怎么拿到成果的，中间遇到什么困难，困难是如何解决的？通过这些内容，你就可以从中挖掘大佬的做事原则，根据自己的情况作为自己的原则。

除了名人传记之外，你也可以直接去读认知成长的书籍，如

《原则》《金字塔原理》《认知天性》等，归纳那些能帮助你成长和做事的道理，记录在一个地方。

2. 找机会和大咖交流。

当你对某方面有困惑时，最高效的方式就是去找这个方面的大咖交流，在交流后，你可以复盘总结出能够解决你困惑的原则，并记下来。

3. 从生活中发现那些珍贵的原则。

往往很多对你有用的珍贵原则，都藏在了你的生活之中。从生活中来，到生活中去，你可以通过上面的复盘方法，找寻对你有用的原则。

我的一个朋友，剥开花生壳正要吃的那一瞬间，有感而发："我们虽然不能改变我们的出身，但却可以填充我们的内在。"

她正是通过生活悟出了这个原则。

通过以上的方法，可以找到属于你的原则，当你的原则积累得越来越多时，你要筛选保留对你人生最重要的几条原则，而其他那些对你不重要的原则，你要舍弃。因为你的注意力和精力有限，把你珍贵的注意力放在最重要的几个原则上，你的人生会大放异彩。

股神巴菲特的几个投资理念都特别的简单和朴素：

第一，找到一家好公司，长期持有它的股票。

第二，别人恐惧时你疯狂，别人疯狂时你恐惧。

第三，关注一些好公司受到挫折的时刻，去施以援手，这样你们能共同成长。

第四，找到一个朴素的商业底层逻辑，并且坚定不移地按照这个逻辑行事，也就是知行合一。

巴菲特做理财投资最核心的点在于能几十年如一日地坚持自己的原则。

我自己到现在很多时候都不能完全坚持自己的原则，比如我觉得这个股票很优秀，我觉得它是未来，但我受不了短期的涨跌，甚至有时候会追涨杀跌。所以我发现别人挣钱的底层逻辑非常简单——看你能不能抗拒人性的诱惑。

巴菲特对我影响最深的就是他的知行合一，他一直在实践自己的认知。

所有人都说巴菲特真厉害，因为他永远坚持自己的底层逻辑，没有任何一点的偏移，这就是我们所熟知的知行合一。

找到适合你的原则，筛选出最重要的几个，接下来最重要的是要反复回顾，严格按照原则执行。

这里可以通过做"原则笔记"来记录下你的原则，方便定期回顾和执行。

表6-1 吕白的原则笔记

类别	原则
财富	每一笔消费都用信用卡支付,获取积分,但不分期。
	每次预订特定品牌的酒店,都使用某个固定的APP。
	每次消费用团购。
时间	晚上睡觉前把第二天要穿什么衣服准备好,第二天不需要浪费时间。
	开车的时候听付费音频。
工作方法	抓大放小,只关注大事,小事充分授权。
	多开会,少落地执行,发挥开会的思维和逻辑优势。
学习方法	带着思考去学习,然后必须沉淀出东西,拒绝没有结果的学习,看了几十本理财书。
人际交往	拒绝参加无意义的聚会、无意义的活动,减少时间浪费。

第二,定期回顾你的原则笔记,严格遵循并执行你的原则。

查理·芒格说过一句话:商界有两个古老的道理,第一个是找到一句话,第二个是严格按这句话行事。

其实很多人已经找到了那句话,或者说通过以上我所介绍的这些思维方法,已经明白了该明白的道理,但是没有按这句话行动过。

"别人恐惧你贪婪,别人贪婪你恐惧","选择大于努力"，这些话都特别简单，但是大部分人做不到。

《原则》的作者认为人的脑子就是动物脑，绝大部分的角色都是非理性的，所以他做任何决策之前，都会打开自己的原则，看看自己定的原则是什么，然后严格按照自己的原则来为人处事。

当我立下"一份时间卖五次"的原则后，我最开始也不会每一件事都实施这个原则，总会忘记。后来我就把我的这个原则改成了我的座右铭，让它在我的手机屏幕出现，在我的每本书里都出现，每做一件事我就会问自己：它符合一份时间卖五次的逻辑吗？如果符合，那我就会愿意花大量的时间精力金钱去实行，如果不符合，我会快速舍弃。

再比如，我还有一个会员体系积累积分的花钱原则。我现在所有支付都是信用卡支付，我把这个方法分享给了很多朋友，但很少人能做到，他们普遍认为行动起来麻烦、积累的积分不多没有意义，但其实这就是一个积少成多的事情。

我会把遵循原则的意义和好处可视化，比如最初我也不习惯用信用卡，于是我会算一笔账，大概出行三四次积攒的积分能换来一两次免费接送机，我会很清楚地知道遵循我的原则能获得多少的权益，权益价值多少钱，所以，如果我哪次订酒店、机票没有用对应的平台和信用卡支付，我就会扇自己的一巴掌，告诉自己"又浪费了一次挣钱的机会"。

在上一节做的原则笔记中加上遵循原则的情况,来监督自己是否遵循了自己定下的原则。

表6-2 吕白原则笔记遵循情况

吕白的原则笔记		
类别	原则	遵循原则的情况
财富	每一笔消费都用信用卡支付,获取积分,但不分期。	90%能做到
	每次预订特定品牌的酒店,都使用某个固定的APP。	50%能做到,需提升
	每次消费用团购。	20%能做到,遵循原则较差,需重视
时间	晚上睡觉前把第二天要穿什么衣服准备好,第二天不需要浪费时间。	70%能做到
	开车的时候听付费音频。	80%的时间能做到
工作方法	抓大放小,只关注大事,小事充分授权。	90%能做到
	多开会,少落地执行,发挥开会的思维和逻辑优势。	90%能做到
学习方法	带着思考去学习,然后必须沉淀出东西,拒绝没有结果的学习,看了几十本理财书。	90%能做到
人际交往	拒绝参加无意义的聚会、无意义的活动,减少时间浪费。	80%能做到

通过原则笔记记录下自己在生活中各方面重要的几条原则，并定时回顾原则笔记去回顾和评估自己的遵守情况，来践行知行合一。

第三，先完成再完善。

很多人不行动也是因为知得太多，想得太多，做得太少。

你每次想要追求完美的时候，就应该告诉自己人不可能完美，你怎么能做到完美呢？从内心里否定自己——你不可能做到完美，你只能做到先完成，然后再去追求更好，接近完美。

我的字典里就没有"完美"这个词，我的人生也不是完美的人生，而是一个80分的人生。80分跟100分没有多大的区别，而且，你的人生不应该是偶尔100分，而应该是持续产生80分的结果，100分的人生容易走得累且短，80分才能持续。

市面上的很多产品都会以1.0、2.0、3.0版本依次更新迭代，为什么不等产品功能研发齐全了再投放市场？因为消费者不会等你，消费者最看重的是解决当下需求。你需要先有产品满足消费者需求，拥有一定的客户基础，进而通过产品升级去满足客户新的需求并获取新的客户。另外，在产品研发的路上也没有绝对的完美，只有不断地满足顾客更高的需求。

很多事情是不会等你做好准备的。你想去一家心仪的公司，想着先攒攒履历再应聘，等你做好准备了，最可贵的机会已经失去了；你想娶一个喜欢的女孩儿，想着先赚赚钱再去求婚，等你赚够钱了，最合适的人已经错过了；你想写一本书，想着等想法成熟一些再动笔，等你储备充足了，最棒的灵感也已经忘记了。其实最开始你大可先进到公司，能力提升了再去争取更好的职位；你也可以先给爱的人一份安稳，好好努力之后再给她更好的生活；你也可以先写好框架，等灵感来了再去修补内容。

Facebook的首席运营官雪莉·桑德伯格曾经在一次演讲中深刻提到："完成好过完美。"

当我踩过无数的坑、吃过无数的亏，才无比相信这句话。永远不要想好再去做，你一旦都想好了，如果愿景不够强烈，反而不会去做了。所以别管那么多，先去做，去做了，自然有答案，自然能克服你的拖延，拿到结果。

在未完成之前苛求完美，只会让一切停留在未完成状态。

本节总结

1. 知行合一：王阳明先生在《传习录》中有阐释："未有知而不行者。知而不行，只是未知。"意思为：没有知道而不去做的人，如果知道而不去做，那就是不知道。
2. 你要找到你人生最核心几条原则，砍掉无用的多余的"知"，记录形成你的原则笔记：通过多读书、找机会和大咖交流、从生活中找珍贵的原则，这几种方法去找到属于你的原则。

3. 定期回顾你的原则笔记，严格遵循并执行你的原则：在原则笔记中加上遵循原则的情况，来监督自己是否遵循了自己定下的原则。

4. 先完成再完善：在未完成之前苛求完美，只会让一切停留在未完成状态。

后记
POSTSCRIPT
10·倍·速·成·长

01 我们到底需要关注什么？

我每次出去分享，都会有人让我推荐书单，他们会问要看什么书才能像我一样。其实，我看过的书最少几十万内容从业者都看过，但他们没有成为我。

核心在于我，而不在于看的书。

这就像奶牛吃草产奶一样，核心是转化的过程，你不去问这个转化的过程，反而关心奶牛吃的是什么牌子的草，怎么能找到最关键的方法呢？

我听分享时，不喜欢带笔记本写一大堆笔记，我会认真听内容然后找到我印象最深刻的点。

因为相对于具体的方法，我更想知道的是他们为什么想出了这个方法,他们的底层思维是什么,这个底层思维能不能产生新的方法。我从来不学表面的东西,因为迟早都会过时;我更愿意去关注本质,去关注得出这个答案的运算过程。

本质永远不过时,底层思维永远不会蒙尘。

所以我非常重视搭建自己的底层思维,无论你做什么形式的媒体,什么形式的内容,什么行业的工作,底层思维都是可以贯彻使用的东西。它们会教你生产答案的过程,它们会告诉你这些转化的过程,它们会告诉你我为什么这么想。

02 人是不是必须得走弯路才能长大?

有些弯路是没有必要走的,你经历的很多是属于低效的、无知的弯路,比如你在制作PPT时没有定时保存,最后导致文件丢失,你得从头再做一次。就算你吃了一次亏,又能怎么样呢?你早就应该知道PPT一定要好好保存,如果你提前保存,就不会出现丢失的问题,这样的弯路你根本不需要走。

人生,要多读书,多跟人聊,才能少走弯路。

多读书:

人生真正值得看的书可能屈指可数,那为什么市场上还有这么多书呢?

因为很多真正值得读的书,99.99%的普通人是无法从一开始就读懂的,比如《道德经》,我们大部分人的阅历还不够,人生经历还不足以支撑我们真正理解书中哲理。这时候，其他书籍的存在就是为了让我们看完以后不断积累认知，然后去读懂那些值得读的好书。

在我看来，有些书越晚读到越好。在读懂那些好书之前，你需要经过一些人生的挫折和摧残，需要看过一些没有那么深奥的书，然后再去读。

多跟人聊：

比起听别人的故事，我更喜欢研究这个人做了什么，因为"说"跟"做"是两回事。更何况，很多人自己都会骗自己，他以为自己是这么做的，后来发现并不是，所以比起研究这个人说了什么，我们更应该研究他是怎么做的。

就像我们做内容一样，比如说关于怎么把一个内容做火，我们听别人聊，他给的答案往往不是最佳答案，他未必想骗你，但是他对这个事情的了解可能不够深刻，所以你应该自己去研究他的视频为什么会火，你给他的答案很有可能会比他自己想的要好很多。

所以，与其听别人说了什么，不如去研究他做了什么。

与其研究大佬的过去，不如研究如何从0到1会更好。

03 聪明优秀的人都有什么特征？

大佬们的思想都是趋同的，聪明优秀的人都有自我批判、发

后记

现事物的本质、坚持的能力,这是共性。

这个世界就像打游戏,成功的方法犹如通关的秘籍,而人生就像一个像操作系统,你会不断地遇到bug,你要不断地去迭代。

第一,如果你不迭代,可能就会被别人抛弃。

很多优秀的人,都善于复盘,他们会经常复盘自己之前哪里做得好,哪里做得不好,做得好的地方能不能做得更好,做得不好的地方我能不能去改一下。

第二,他们很善于找到事物的本质。

你现在要做的事情有十件,但最后影响你的事情只有两件,你能不能找到这其中的两件,并且是全身心投入来做好这两件事,把你80%以上的精力集中在一些产出特别高的事情上?

第三,他们的毅力特别强,不屈不挠。可能你做一件事情,前50次都失败了,但是第51次你就能成功。普通人在第50次就放弃了,但是聪明的人还能坚持到第51次甚至更久。

一旦找到最朴素的那个道理,不断坚持,再有运气加持,你就能成功。

图书在版编目（CIP）数据

10倍速成长：如何高效超越同龄人/吕白著. --
北京：北京日报出版社, 2022.1（2022.2重印）
ISBN 978-7-5477-4097-2

Ⅰ.①1… Ⅱ.①吕… Ⅲ.①成功心理—通俗读物
Ⅳ.① B848.4-49

中国版本图书馆 CIP 数据核字（2021）第 192330 号

作　　者：	吕　白
责任编辑：	许庆元
助理编辑：	秦　姣
出 品 方：	知乎BOOK
出版监制：	张　娴
特约策划：	魏　丹　贺　靓
特约校对：	不知知
营销编辑：	张　丛
封面设计：	何　睦
内文排版：	蚂蚁字坊

出版发行：	北京日报出版社
地　　址：	北京市东城区东单三条 8-16 号东方广场东配楼四层
邮　　编：	100005
电　　话：	发行部：（010）65255876
	总编室：（010）65252135
印　　刷：	三河市兴博印务有限公司
经　　销：	各地新华书店
版　　次：	2022 年 1 月第 1 版
	2022 年 2 月第 2 次印刷
开　　本：	880 毫米 ×1230 毫米　1/32
印　　张：	8.75
字　　数：	180 千字
定　　价：	58.00 元

版权所有，侵权必究，未经许可，不得转载